80 ans de l'Institut de recherche et d'histoire des textes

80 ans de l'Institut de recherche et d'histoire des textes

François Bougard et Michel Zink éd.

Actes du colloque organisé par l'Académie des Inscriptions et Belles-Lettres et l'Institut de recherche et d'histoire des textes (CNRS-IRHT)

à l'Académie des Inscriptions et Belles-Lettres, le 4 mai 2018

Ouvrage publié avec le soutien du Centre national de la recherche scientifique (CNRS) – Institut de recherche et d'histoire des textes (IRHT)

Académie des Inscriptions et Belles-Lettres
Paris • 2019

AVANT-PROPOS

Le 16 décembre 1938, Félix Grat prononçait devant l'Académie des Inscriptions et Belles-Lettres une communication « sur les travaux de l'Institut de recherche et d'histoire des textes, créé et dirigé par lui, et sur les manuscrits d'auteurs classiques latins découverts par les collaborateurs de cet Institut dans les fonds non encore catalogués de la Bibliothèque Vaticane ». Né au printemps 1937, l'IRHT avait commencé ses travaux dès l'été suivant grâce à l'énergie de son créateur et à l'hospitalité de la Bibliothèque nationale. Il se passait semble-t-il de tout sceau officiel, quand bien même les subsides de la République lui donnaient de quoi rétribuer une secrétaire générale, en la personne de Jeanne Vielliard. Cependant, Félix Grat avait entretenu l'Académie de ses recherches sur les manuscrits des auteurs classiques latins dès 1933. Choisir le cadre du Quai de Conti pour la commémoration des quatre-vingts ans de l'IRHT vaut ainsi comme un retour aux sources. L'Académie a vu naître le projet et sa concrétisation, elle est aujourd'hui informée de ses fruits.

Première en date des structures de recherche publique dédiées aux sciences humaines, intégré au Centre national de la recherche scientifique (CNRS) quand celui-ci fut créé en 1939, l'IRHT doit tout au Front populaire, sans lequel rien n'eût été possible. Félix Grat, mort au front en 1940, n'eut guère le temps de suivre ses progrès, mais son idée eut longue vie. L'effort consenti au fil du temps par la collectivité lui a en effet assuré une longévité remarquable, dont il n'existe pas d'équivalent dans les disciplines et les langues qu'il cultive. Elle se fonde sur la poursuite têtue d'une double démarche : celle du rassemblement et de la production de la documentation au service de tous, et celle de la recherche, qui se nourrissent l'une l'autre. Le recensement des témoins manuscrits des auteurs et des œuvres et leur reproduction étaient au premier rang des missions assignées par Félix Grat, qui entendait se donner les moyens de suivre pas à pas « la transmission écrite de la pensée humaine ». Une telle ambition ne serait pas formulée aujourd'hui dans les mêmes termes. Elle n'en reste pas moins au cœur de ce qu'est et de ce que fait l'IRHT.

D'abord conçu au service des latinistes et des textes classiques – puisque ce sont les manuscrits médiévaux qui nous ont transmis l'héritage culturel de l'Antiquité –, l'IRHT a très vite élargi son champ linguistique vers le grec, l'hébreu, l'arabe, le copte, le syriaque, les langues romanes, c'est-à-dire l'ensemble des véhicules de la culture écrite du pourtour de la Méditerranée. Il a aussi enrichi son éventail disciplinaire avec la codicologie, la paléographie, la diplomatique, l'histoire des bibliothèques, la musicologie, la lexicographie, plus récemment la papyrologie et l'histoire des sciences. Il prit aussi en compte les débuts du livre imprimé, jusqu'aux environs de 1500, et s'étend volontiers jusqu'à la période contemporaine dès qu'entre en jeu l'histoire des collections.

Les communications présentées le 4 mai 2018 illustrent certains aspects de l'activité au long cours et de ses transformations, spécialement dans le monde numérique qui fait aujourd'hui le quotidien de la recherche. L'histoire manuscrite des textes y côtoie l'histoire des bibliothèques, les entreprises de catalogage des manuscrits la réflexion sur les actes diplomatiques et les travaux de lexicographie. Deux interventions reviennent sur l'histoire du laboratoire et sur la perception qu'ont de cet organisme particulier nos collègues d'Outre-Atlantique.

Au moment où l'IRHT s'apprête à rejoindre avec d'autres la « Cité des humanités et des sciences sociales » du campus Condorcet à Aubervilliers, marquer un temps d'arrêt était propice à mesurer les enjeux autant que les acquis. Le destin a voulu que l'on puisse accéder au campus Condorcet par la station du métropolitain « Front populaire » : un retour aux sources. Le calendrier, lui, correspond peu ou prou à la commémoration de huit décennies d'activité : quatre-vingts, c'est-à-dire un augure d'éternité dans l'exégèse médiévale, aujourd'hui particulièrement bienvenu.

François BOUGARD et Michel ZINK

INTRODUCTION

Il n'est pas donné à tous les directeurs ou directrices d'Instituts du CNRS d'avoir la possibilité de fêter les 80 ans d'une de leurs unités de recherche, et, plus encore, d'une Unité propre de recherche, puisque l'Institut de recherche et d'histoire des textes, créé en 1937, est un des trois derniers laboratoires de l'InSHS à n'avoir que le CNRS comme tutelle[1]. C'est un événement d'autant plus rare que le Centre National de la Recherche Scientifique lui-même n'a été fondé en tant qu'organisme de recherche qu'en 1939. La partie est donc plus ancienne que le tout et ce n'est pas la moindre des originalités de l'IRHT.

L'ensemble de ce volume remémore les origines de l'IRHT, et sa création, en 1937, sous l'impulsion de Félix Grat, archiviste paléographe, ancien membre de l'École française de Rome, ancien combattant de la Première Guerre mondiale et mort sur le front le 13 mai 1940. Je voudrais surtout insister dans cette brève introduction, sur la remarquable capacité d'adaptation qui a toujours été celle de l'IRHT depuis son intégration au CNRS. Cette unité a, en effet, toujours su évoluer au fil des transformations des sciences qu'elle abrite en son sein aussi bien qu'au fil des transformations du système académique auquel elle appartient, tout en restant fidèle à sa mission scientifique d'origine. C'est ce tour de force qu'il nous faut célébrer ici.

L'Institut de recherche et d'histoire des textes a, en effet, été fondé sur un projet initial que résume parfaitement son nom : rechercher les manuscrits des textes anciens et en faire l'histoire, c'est-à-dire faire l'histoire aussi bien des savoirs et de la pensée qu'ils transmettent, que des manuscrits sur lesquels ils sont inscrits. À ces deux premières missions s'en ajoute une troisième, tout aussi essentielle, qui est de mettre à la disposition des chercheurs le matériel ainsi réuni et les connaissances ainsi produites.

1. Je souhaite remercier très vivement François Bougard, directeur de l'IRHT, de m'avoir sollicité pour l'écriture de cette introduction et Stéphane Bourdin, Directeur adjoint scientifique à l'Institut des sciences humaines et sociales du CNRS, pour l'aide précieuse qu'il m'a apportée dans la préparation de ce texte.

L'inspiration de l'IRHT est sans nul doute venue à Félix Grat durant sa période romaine mais nous pouvons penser à d'autres outils collectifs de recherche et de transmission qui sont nés à peu près la même période. Le Warburg Institute de Londres, et d'autres, ailleurs dans le monde, ont porté la même ambition de mise au jour d'objets d'études, de partage et de diffusion des connaissances, de mise en commun de compétences qui sont celles des chercheurs mais aussi des ingénieurs et des techniciens, et, enfin, de déploiement d'approches profondément pluridisciplinaires.

Dotés de ces missions fondamentales, et suivant l'exemple des premiers voyages de Félix Grat, en particulier en Espagne, les membres de l'IRHT n'ont cessé de parcourir l'Europe, et, au-delà, le monde, de fouiller les bibliothèques et les archives, pour relever, collecter et photographier les manuscrits, formant le noyau d'une collection de plus de 76 000 microfilms de manuscrits médiévaux. À l'intérêt initial pour les manuscrits latins, se sont ajoutés, au fil des années, les manuscrits grecs puis arabes jusqu'à ce que se forment les treize sections que nous connaissons aujourd'hui : Arabe, Codicologie, Histoire des bibliothèques et héraldique, Diplomatique, Grecque et Orient chrétien, Hébraïque, Humanisme, Latine, Lexicographie latine, Manuscrits enluminés, Paléographie latine, Papyrologie, Romane, Sciences du *Quadrivium*.

Au fur et à mesure que croissaient ses collections, ses compétences et ses champs d'intervention, l'IRHT s'est sans cesse adapté à l'évolution de la recherche, de ses métiers, de ses techniques avec, toujours, l'ambition de mettre en place une véritable recherche fondamentale sur les manuscrits et les imprimés anciens et dans toutes les langues du bassin méditerranéen. Ses spécialistes couvrent donc tous les champs des sciences de l'écrit : philologie, lexicographie, paléographie, codicologie, étude des enluminures, histoire de la production des textes comme de leur circulation. Ils sont capables de prendre en charge tout le continuum technique en la matière, de la restauration des manuscrits jusqu'à la publication de leur édition critique. L'IRHT a su s'équiper en conséquence, pour développer sa filmothèque-photothèque ou maintenant son pôle numérique. La ligne budgétaire annuelle du numériseur en berceau de l'IRHT a ainsi acquis une sorte de célébrité au sein de l'Institut de sciences humaines et sociales.

Cette capacité d'adaptation a continué à porter ses fruits dans les années récentes à un moment crucial de transformation du paysage français de l'Enseignement supérieur et de la recherche. L'IRHT a parfaitement pris le virage de la recherche sur projet. Ses membres ont ainsi dirigé plusieurs programmes de l'*European Research Council*, dont, récemment, *Islamic Law Materialized*, porté par Christian Müller ; *Œuvres pieuses vernaculaires à succès*, porté par Géraldine Veysseyre ; ou encore *Theology, Education, School Institution and Scholars-network*, relayé depuis peu par *Debate: Innnovation as Performance in Late-Medieval universities*, portés par Monica Brînzei. Ses membres ont également obtenu ou ont été partenaires d'un ensemble impressionnant de projets de l'Agence nationale de la Recherche.

Derrière ces succès et derrière les porteurs de ces projets, il y a l'engagement de l'ensemble de l'équipe de l'IRHT. Nous avons tous conscience des contraintes que ces nouveaux modes de financement de la recherche imposent à nos collègues mais nous sommes tous convaincus qu'il n'y a pas moins de légitimité scientifique, de dynamique de progrès des connaissances et de capacités d'entraînement dans ces programmes, de durée courte ou moyenne, mais toujours d'une exceptionnelle densité, que dans les sections de l'IRHT. C'est juste un autre moyen, parallèle, complémentaire, de structurer des communautés scientifiques.

L'IRHT a su également prendre le virage des humanités numériques. La participation forte de l'IRHT à l'Equipex Biblissima, coordonné par Anne-Marie Turcan-Verkerk, une bibliothèque numérique donnant accès à un ensemble de documentation sur les manuscrits et les imprimés anciens, est le symbole le plus évident de cette mutation complète des méthodes de travail. L'InSHS est aussi tout à fait heureux d'avoir pu affecter, en 2017, deux post-doctorants dédiés aux humanités numériques. Alors que les humanités numériques s'ancrent dans le paysage de la recherche, la génération des pionniers et des convertis cède progressivement la place aux jeunes chercheurs formés dès l'origine à ces méthodes de travail et à leurs potentiels ; il est essentiel que l'IRHT reste un lieu de formation et d'épanouissement de ces collègues et de ces nouvelles approches.

L'IRHT est donc l'une des dernières unités propres de l'InSHS du CNRS. Cela ne signifie pas que nos collègues travaillent dans la célèbre tour d'ivoire du chercheur solitaire. Le caractère multi-site de l'IRHT dit aussi la nature profondément collaborative de l'entreprise. Ses membres sont installés avenue d'Iéna, bien sûr, mais aussi à Orléans, au Collège de France, et à l'Institut de France, et je remercie très vivement ces institutions qui les accueillent et les soutiennent. Au-delà même de ces implantations, les collaborations sont denses avec la plupart des universités nationales et internationales ou des grands établissements de recherche et d'enseignement, en particulier l'École pratique des Hautes Études, mais aussi l'École nationale des chartes, l'École des Hautes Études en Sciences Sociales, l'Université de Paris 1-Panthéon-Sorbonne et bien d'autres. Les noms que je viens de citer – et j'aurais pu en citer beaucoup d'autres – ne sont bien sûr pas tout à fait pris au hasard. Ce sont ceux d'une partie des membres fondateurs du Campus Condorcet dont la construction s'achève, à Aubervilliers, et que rejoindra l'IRHT à la rentrée 2019. Le laboratoire a connu d'autres déménagements au cours de sa longue histoire mais, il est vrai, d'une ampleur moindre.

Il est évident que la cohabitation, sur un même campus, de l'IRHT et des équipes de recherche de ces différents établissements permettra la concentration d'une grande partie du potentiel de recherche français en philologie, lexicographie, histoire, paléographie, diplomatique, codicologie, traitement technique des manuscrits et des imprimés y compris dans ses dimensions interdisciplinaires tendant vers la science des matériaux et la chimie. La dynamique scientifique du Campus Condorcet repose, en effet, en grande partie sur les sciences de l'écrit, qui forment un secteur dans lequel la France est un leader mondial et qui est un des rares champs des sciences humaines et sociales dans lesquels le français est encore une langue de travail internationale. L'IRHT a toute sa place non pas seulement comme une pièce de la construction à mettre en place mais comme son cœur. C'est un défi, mais l'unité saura le relever comme elle l'a toujours fait depuis 80 ans.

Je voudrais conclure cette brève introduction en saluant amicalement les directrices et les directeurs de l'IRHT, passés et présents, en particulier celles et ceux avec qui j'ai eu le plaisir de travailler : Anne-Marie Eddé, Nicole Bériou et François Bougard. Ce sont des collègues précieux dont le dévouement à l'avancée de la science n'a d'égale que l'ardente ténacité dont il et elles ont toujours fait preuve dans les demandes des moyens qu'ils ont adressées au CNRS et auxquelles nous avons toujours essayé de répondre dans la mesure des nôtres. Je souhaite également remercier chaleureusement tous les collègues, de tout corps, de tout grade, de toute discipline, de toute fonction qui travaillent à l'Institut de Recherches et d'Histoire des textes, pour leur dire la gratitude profonde qu'ont, à leur égard, la direction de l'InSHS et celle du CNRS. Nous avons tous conscience que le prestigieux passé que nous célébrons aujourd'hui ne vaut que parce qu'il s'incarne, ici et maintenant, dans les femmes et les hommes qui composent l'IRHT des années 2010, et qui travaillent à forger l'IRHT de demain. Nous leur en sommes profondément reconnaissants.

François-Joseph RUGGIU
Directeur de l'Institut des sciences humaines et sociales du CNRS

L'HISTOIRE MANUSCRITE DES TEXTES

Depuis 1937, le centre de recherche que nous célébrons n'a cessé de changer : de directeur et – une première au CNRS – de directrice[1] ; de répartition en sections et en services ; d'implantation géographique, à Paris et en province, et ce n'est pas fini ; de procédés techniques pour la reproduction des manuscrits, de l'argentique au numérique, ou pour la production d'outils savants, du fichier de bois à la base en ligne, et là aussi ce n'est sûrement pas fini. On pourrait continuer : en quatre-vingts ans, ont également changé les partenariats institutionnels, les sources de financement, les injonctions des tutelles, les programmes scientifiques et surtout, ce qui fait toute la richesse de l'IRHT : les visages de ses membres, visiteurs et amis. Dans ce maelström d'incessantes évolutions, transformations et régénérations, trois choses sont restées immuables : la passion des collègues, la mission de l'IRHT, et son nom même d'« Institut de recherche et d'histoire des textes ».

Or ce nom ne va pas de soi. Beaucoup ici, questionnés sur l'objet propre de l'IRHT, répondraient : « le manuscrit » plutôt que « le texte ». Le texte : bien d'autres que nous l'étudient, et c'est tant mieux. En sens inverse, avec ses treize sections linguistiques et thématiques, l'IRHT semble parfaitement organisé pour scruter le manuscrit dans toutes ses langues euro-méditerra-néennes ; à travers toutes ses périodes, antique, médiévale et renaissante ; et sous tous ses aspects, textuels certes, mais aussi matériels, historiques et graphiques. On raconte que le peintre Hokusai changea plusieurs fois de nom et qu'à 60 ans, au seuil d'un nouveau cycle artistique, il prit celui de « Iitsu »[2]. Et si à 80 ans, l'IRHT, devenu l'« IRHM », prenait un nouveau

---

1. Geneviève Faye, « Une historienne à l'ombre de la communauté scientifique, Jeanne Vielliard (1894-1979) », in *Histoires d'historiennes*. Études réunies, Nicole Pellegrin éd., Saint-Étienne, Publication de l'Université de Saint-Étienne, 2006 (L'école du genre, Nouvelles recherches, 1), p. 349-364. Rappelons qu'après Jeanne Vielliard (1940-1964), deux autres femmes ont été directrices de l'IRHT, Anne-Marie Eddé (2005-2010) et Nicole Bériou (2011-2014).

2. Laure Dalon, Seiji Nagata, Mika Negishi *et al.*, *Hokusai*. Catalogue de l'exposition (Paris, Grand Palais, Galeries nationales, 1er octobre 2014-20 novembre 2014, 1er décembre 2014-18 janvier 2015), Paris, Éditions de la Réunion des musées nationaux-Grand Palais, 2014.

départ et retrouvait une nouvelle jeunesse, face aux défis nombreux qui l'attendent à Condorcet et ailleurs ?

Ce que je voudrais montrer ce matin, c'est que l'IRHT n'a pas besoin de changer de nom pour innover, car l'innovation permanente des méthodes et la forte cohérence du projet lui sont en quelque sorte congénitales. L'objet d'étude véritable de l'IRHT, ce qui depuis sa fondation jusqu'à aujourd'hui le distingue de toutes les autres institutions scientifiques partenaires, et ce sur quoi convergent toutes les disciplines et méthodes qu'on y pratique, ce n'est ni le texte, ni le manuscrit, mais c'est le couple qu'ils forment, en tension dialectique. L'objet d'étude de l'IRHT, c'est moins un objet qu'un mouvement : c'est l'histoire manuscrite des textes.

C'est pourquoi nous n'étudions ni le manuscrit comme un objet artisanal ou muséographique, du moins pas seulement ; ni le texte comme un objet littéraire ou intellectuel, du moins pas seulement, ni principalement ; mais, pour certains d'entre nous, nous scrutons le manuscrit comme un produit de l'activité humaine, ordonné à la transmission de contenus iconographiques, musicaux et surtout textuels ; pour d'autres, nous analysons les œuvres qu'il contient comme une réalité non pas abstraite ni figée, mais vivante et changeante, car transcrite et incarnée dans des manuscrits toujours singuliers ; et tous ensemble nous cherchons à mieux comprendre la culture indissolublement matérielle et immatérielle de l'Antiquité et du Moyen Âge, grâce à cette course de relais contre l'usure et l'oubli qu'est la transmission des textes de manuscrit en manuscrit.

Puisque mes collègues aborderont divers autres aspects du couple texte/ manuscrit, je me concentrerai sur ces deux questions : pourquoi étudier l'histoire manuscrite des textes ainsi entendue, et comment le faire.

I. POURQUOI ÉTUDIER L'HISTOIRE MANUSCRITE DES TEXTES ?

D'abord donc, à quoi sert l'histoire manuscrite des textes ? À nous tous qui sommes ici rassemblés, la question peut sembler oiseuse ; mais nous n'oublions pas que la plupart de nos contemporains se représentent nos travaux sous les mêmes couleurs qu'Ambrose Bierce, lorsque dans son *Dictionnaire du diable* le journaliste américain définissait ainsi l'érudition : *Dust shaken out of a book into an empty skull*, « Poussière tombée d'un livre dans un crâne vide »[3].

---

3. Ambrose Bierce, *The Devil's Dictionary*, Cleveland and New York, The World Publishing Company, 1911, p. 88.

Il vaut donc la peine de se demander quelles sont les utilités de l'histoire manuscrite des textes. Pour ma part, j'en vois trois principales. La première qui vient à l'esprit, c'est la découverte ou la redécouverte d'œuvres qui, sans cela, ou bien nous seraient totalement inconnues, ou bien nous parviendraient grevées de bévues de copie et d'altérations volontaires, bref n'offriraient à la lecture qu'un texte provisoire, approximatif et chancelant. Rejoindre les textes en passant par les manuscrits, c'est rendre accessibles des textes nouveaux, jusqu'alors inédits ; et c'est rajeunir les autres, c'est les rendre vraiment critiques, donc critiquables et le cas échéant perfectibles. C'est en d'autres termes fonder sur des assises plus larges, plus solides et plus raisonnées l'édifice entier des Lettres et de l'histoire.

La seconde utilité n'est que l'envers de la première. Décrire, confronter et mettre en ordre les manuscrits d'une œuvre n'est pas seulement une condition pour atteindre celle-ci dans son originelle exactitude ; c'est aussi le moyen de donner un sens aux variations multiples qu'elle a subies de l'auteur jusqu'à nous. Bien au-delà des banales étourderies de copiste, l'observation des manuscrits et de leurs liaisons généalogiques dessine un lent travail de digestion, d'adaptation, d'appropriation collective et progressive, qui se ramifie selon les siècles, les régions et les milieux. Un *stemma codicum* ne procure pas seulement à l'éditeur des principes argumentés pour remonter des manuscrits, souvent tardifs mais conservés, jusqu'à l'œuvre, souvent perdue mais originelle ; projeté sur une carte, il fournit en outre à l'historien des textes d'irremplaçables indices pour redescendre de l'œuvre vers les manuscrits, comprendre les étapes de sa réception et faire surgir les routes, les relais, les réseaux par lesquels circulèrent les livres, les textes et les idées.

Mais il existe une troisième utilité. Façonnés que nous sommes par l'artificielle fixité du livre imprimé, nous pourrions oublier que la parole est vivante : du message oral, qui se renouvelle de personne en personne, au texte électronique, qui se transforme de version en version, en passant par l'œuvre manuscrite, qui se modifie de copie en copie, les mots et les sens ne cessent de muer. Pratiquer l'histoire manuscrite des textes, c'est donc entrer dans une autre culture de l'écrit, plus proche des époques antique et médiévale, où les textes, n'étant pas encore reproduits en masse et à l'identique, sont plus rares donc plus précieux, sont aussi plus incarnés dans leur support, et surtout plus malléables ; et où les lecteurs, sachant cette irrépressible variabilité des textes, tiennent en alerte leur esprit pour les corriger, les ponctuer, les annoter à mesure qu'ils les parcourent, bref s'en font des lecteurs plus actifs. Pratiquer l'histoire manuscrite des textes, c'est apprendre à lire ceux-ci au plus près des conditions concrètes de leur naissance et de leur inscription dans la page.

Pour illustrer cette triple utilité de l'histoire manuscrite des textes, les exemples sont légion. Dans ce lieu, on pense à la découverte de vingt-six sermons inédits de saint Augustin par François Dolbeau ; au surgissement méthodiquement anticipé puis confirmé par Jacques Dalarun d'une vie nouvelle de François d'Assise : deux découvertes diversement liées à l'IRHT et qui renouvellent, l'une notre connaissance d'Augustin, l'autre la « Question franciscaine »[4]. Dans les deux cas, c'est bien moins le hasard qu'une longue pratique de l'histoire manuscrite des textes, appuyée sur une connaissance approfondie du dossier, qui a permis aux deux chercheurs d'apercevoir ce qui aurait échappé à des yeux moins experts, de l'analyser avec méthode et de l'interpréter correctement.

On pourrait citer encore la découverte, par Judith Olszowy-Schlanger, d'un glossaire hébreu-latin-ancien français compilé par les bénédictins de Ramsey, lequel révèle une connaissance de la langue hébraïque dans l'Occident chrétien du XIIIe siècle qui semblait impossible avant la Renaissance[5]. Ou encore l'édition presque achevée de nos collègues Colette Sirat et Marc Geoffroy – Marc que nous avons inhumé ce 2 mai et à qui je voudrais rendre hommage – du Grand commentaire d'Averroès sur le *De anima* d'Aristote, griffonné en langue arabe et en écriture hébraïque dans les marges d'un manuscrit du Moyen commentaire : cette version inédite aide à comprendre la genèse des théories d'Averroès sur l'intellect, si fécondes et si controversées au Moyen Âge[6]. Ou enfin, la découverte en six années de soixante-cinq nouveaux commentaires latins au *Liber de causis*, par une équipe de Cluj, dirigée par Dragos Calma, que j'ai eu l'honneur de former à la paléographie et à l'édition critique. Du *Liber de causis*, ce traité du

4. François Dolbeau, *Augustin d'Hippone, Vingt-six sermons au peuple d'Afrique, retrouvés à Mayence, édités et commentés*, Paris, Institut d'Études Augustiniennes, 2009, 2e édition revue et corrigée (Collection des études augustiniennes, Série Antiquité, 147) ; Jacques Dalarun, « Thome Celanensis Vita beati patris nostri Francisci (*Vita brevior*). Présentation et édition critique », *Analecta Bollandiana* 133, 2015, p. 23-86. Voir aussi le colloque international *Le manuscrit franciscain retrouvé*, qui s'est tenu à Paris (École nationale des chartes, Bibliothèque nationale de France, Institut de recherche et d'histoire des textes) les 20-22 septembre 2017, organisé par Jacques Dalarun et Isabelle le Masne de Chermont ; ses actes sont en cours de publication.

5. Judith Olszowy-Schlanger avec Anne Grondeux, Philippe Bobichon, Gilbert Dahan, François Dolbeau, Geneviève Hasenohr, Raphael Loewe, Jean-Pierre Rothschild et Patricia Stirnemann, *Dictionnaire hébreu-latin-français de la Bible hébraïque de l'Abbaye de Ramsey (XIIIe s.)*, Turnhout, Brepols (Corpus Christianorum, Nouveau recueil des lexiques latin-français du Moyen Âge, 4), 2008.

6. Colette Sirat et Marc Geoffroy, *L'original arabe du grand commentaire d'Averroès au « De anima » d'Aristote. Prémices de l'édition. Préface d'Alain de Libera*, Paris, Librairie Joseph Vrin (Sic et non), 2005.

pseudo-Aristote, composé en arabe à Bagdad au IXe siècle à partir de sources néoplatoniciennes, on connaissait un petit nombre de commentaires latins, du XIIIe siècle surtout. Cette impressionnante rafale de découvertes, en cours d'édition et qui n'est probablement pas terminée, met les historiens en présence d'un filon philosophique totalement sous-estimé, très influent en particulier dans l'Europe centrale et orientale des XIVe et XVe siècles[7].

II. COMMENT ÉTUDIER L'HISTOIRE MANUSCRITE DES TEXTES ?

On a décrit à quoi sert l'histoire manuscrite des textes ; voyons à présent comment elle procède à l'IRHT, dans un constant souci d'amélioration des outils et d'affinement des méthodes. Pour retracer l'histoire manuscrite d'une œuvre, il y a, me semble-t-il, trois étapes principales : le recensement le plus complet des témoins ; l'analyse la plus fine de leur généalogie, et l'interprétation la plus sensible de l'œuvre. Dans la pratique, ces trois phases, heuristique, ecdotique et herméneutique, sont plus ou moins concomitantes et indissociables ; elles n'en correspondent pas moins à des opérations intellectuelles distinctes.

1. Le recensement des témoins

La première phase consiste à découvrir le plus grand nombre possible de témoins manuscrits de l'œuvre étudiée. Bien sûr, la tâche est infinie : elle doit être complétée chaque fois que paraît un nouveau catalogue de bibliothèque. Elle est en partie désespérée : le taux de pertes est souvent évalué à 90 %. Elle n'en est pas moins fondamentale : ici surtout, la qualité dépend de la quantité. Plus forte sera la proportion de témoins retrouvés et utilisés, plus précis et plus solides seront les résultats obtenus. Aussi cette tâche fondamentale de recensement des manuscrits œuvre par œuvre est-elle une priorité de toutes les sections linguistiques de l'IRHT.

Combien lui doit-on de ces fichiers en bois qui tapissaient naguère les murs de nos locaux ? Aujourd'hui, ils sont avantageusement remplacés par des bases de données en ligne, tels *Pinakes | Πίνακες. Textes et manuscrits grecs*, dans le domaine grec ; ou *Jonas. Répertoire des textes et des*

---

7. *Neoplatonism in the Middle Ages*. I. *New commentaries on* Liber de causis *(ca. 1250-1350)*. II. *New Commentaries on* Liber de causis *and* Elementatio theologica *(ca. 1350-1500)*, Dragos Calma éd., Turnhout Brepols (Studia Artistarum. Études sur la Faculté des arts dans les Universités médiévales, 42.1 et 42.2), 2016. Voir aussi la série de trois colloques organisés par Dragos Calma et Marc Geoffroy, en cours de publication, *Les Éléments de théologie et le Livre des causes du* Ve *au* XVIIe *siècle*, Paris, 13-14 novembre 2015, 12-13 février 2016 et 14-16 avril 2016.

manuscrits médiévaux d'oc et d'oïl, dans le domaine roman[8]. Partant souvent de la structure des fiches cartonnées, les nouveaux instruments ajoutent des possibilités inédites d'accès universel, d'interrogation variée, d'intégration des ressources, de collaboration internationale et d'enrichissement indéfini. Il y a quelques mois, la qualité de la conception informatique, par Michel Grech, et de l'information scientifique, par nos collègues romanistes, notamment Anne-François Leurquin et Marie-Laure Savoye, valut à *Jonas* de se voir décerner par l'Académie le Grand prix de la Fondation Prince Louis de Polignac : c'était reconnaître, à travers une réussite exemplaire, l'importance de cette enquête systématique sur les sources[9].

Dans certains domaines, arabe ou latin, le recensement des témoins se heurte à la masse des œuvres et des manuscrits produits au Moyen Âge. Aussi pour les œuvres latines, à défaut d'une base totale comme *Pinakes*, on dispose d'incipitaires, comme *In principio. Incipitaire des textes latins médiévaux*, de bibliographies annuelles comme la *Bibliographie annuelle du Moyen Âge tardif*, ou de bases sélectives, comme *FAMA. Œuvres latines médiévales à succès*, publiée par l'IRHT et l'École des chartes grâce à Pascale Bourgain, Dominique Stutzmann et Francesco Siri[10]. Renonçant à couvrir une matière océanique, *FAMA* se concentre sur les traditions manuscrites dépassant trente témoins. C'est un objectif plus réaliste, qui oblige en outre à repenser l'histoire littéraire du Moyen Âge : telle œuvre fameuse alors ne l'est plus aujourd'hui, et vice versa.

2. La généalogie des manuscrits

Une fois établie la liste la plus complète des témoins d'une œuvre, il reste à les relier en un *stemma codicum* apte à guider, du bas vers le haut, la reconstitution du texte original, comme à retracer, du haut vers le bas, l'histoire de sa diffusion manuscrite. Pour ce faire, il faut d'abord accéder aux témoins manuscrits, tout dispersés qu'ils sont à travers le globe ; ensuite les déchiffrer, les comparer, les classer, les apparenter, les évaluer ; enfin publier les résultats de l'enquête avec la rigueur, la précision et la sobriété nécessaires, de façon qu'on puisse ensuite s'y référer commodément. Voir, mettre en ordre, éditer : au service de ce triple objectif stable, les instruments n'ont cessé de se renouveler en quatre-vingts ans.

---

8. http://pinakes.irht.cnrs.fr/ ; http://jonas.irht.cnrs.fr/.

9. http://www.aibl.fr/prix-et-fondations/autres-prix/grand-prix-louis-de-polignac/.

10. https://about.brepolis.net/databases/latin/in-principio-incipit-index-of-latin-texts/ ; http://fama.irht.cnrs.fr/fr/.

a) Qu'on se souvienne : autrefois, il y avait le voyage littéraire de bibliothèque en bibliothèque. Ou bien l'on engageait tel correspondant scientifique à faire pour soi des collations à l'étranger. Ou encore l'on se contentait d'un petit nombre de manuscrits pas trop lointains. Avec l'IRHT, naît le projet d'une couverture photographique universelle, d'abord pour les classiques latins, puis, par capillarité, pour l'ensemble des textes antiques et médiévaux qui ont circulé en Europe et autour de la Méditerranée[11]. Qu'après les microfilms argentiques ou diazoïques, les tirages papier et les cédéroms, internet aujourd'hui permette à chacun d'en consulter un nombre toujours croissant depuis chez soi, l'outillage rajeunit mais l'audace est la même. Bien sûr, rien ne remplace le contact direct avec le manuscrit, non seulement pour le plaisir des yeux et des mains, mais pour l'observation de l'objet, l'intelligence de sa structure et l'appréciation de son format. Cependant, qu'il soit de plus en plus facile de voir, revoir et vérifier indéfiniment ce qui se lit dans chaque témoin, c'est un progrès inouï pour l'histoire des textes. Celle-ci peut de mieux en mieux se fonder sur l'ensemble des informations disponibles.

b) Mais, dira-t-on, faciliter l'accès des manuscrits, n'est-ce pas ensevelir le chercheur sous la masse de leurs variantes ? Comment ordonner des traditions manuscrites qu'un double progrès, dans le recensement et la mise en ligne des témoins, rend parfois presque innombrables et ingérables ? À une difficulté suscitée par la technologie, la technologie vient offrir ses secours. Après la collation des manuscrits sur de grandes feuilles doubles, où chaque ligne correspondait à un témoin, après les paquets de fiches par variantes, qu'on pouvait ensuite redistribuer par groupements de manuscrits, l'informatique offre d'incontestables facilités de tris automatiques, donc rapides et sûrs. Sans parler des logiciels spécialisés, même un traitement de texte ordinaire permet de réordonner aisément les variantes par témoin ou groupe de témoins, pour mesurer ensuite avec exactitude la présence et la fréquence de leurs conjonctions[12].

11. Louis Holtz, « L'Institut de recherche et d'histoire des textes (IRHT). Premier laboratoire d'histoire au Centre National de la Recherche Scientifique », *Les Cahiers du Centre de Recherches Historiques* [en ligne], 36, 2005, mis en ligne le 24 mai 2011. URL : http://journals.openedition.org/ccrh/3046 ; DOI : 10.4000/ccrh.3046 ; Louis Holtz, « Les premières années de l'Institut de recherche et d'histoire des textes », *La Revue pour l'Histoire du CNRS* [en ligne], 2, 2000, mis en ligne le 20 juin 2007. URL : http://journals.openedition. org/histoire-cnrs/2742.

12. Pour une procédure de tri rudimentaire mais efficace, à l'aide d'un traitement de texte courant, voir notre article : « Lachmann, Bédier, Froger : quelle méthode d'édition donne les meilleurs résultats ? », *in* Cédric Giraud et Dominique Poirel, *La rigueur et la*

Empruntées à la biologie et à la cladistique, qui classe scientifiquement les êtres vivants selon leurs caractères communs, d'autres applications ambitionnent même de reconstruire un *stemma codicum*, en groupant pareillement les manuscrits selon leurs leçons communes[13]. Ce sont là des voies passionnantes et prometteuses, même si une part incompressible d'évaluation, de pondération, d'interprétation en contexte demeure et, je crois, demeurera toujours à la charge de l'éditeur. Il y a en effet ce qui relève de la déduction : c'est lorsque dix personnes bien formées, ou dix machines bien programmées, trouvent ou devraient trouver le même résultat ; et il y a ce qui relève de l'interprétation : c'est lorsque dix personnes, et la même personne à dix moments successifs, divergeront toujours plus ou moins, parce qu'il n'y a pas un résultat unique à calculer une fois pour toutes, mais une pensée humaine à comprendre de mieux en mieux.

c) Enfin, vient la publication des résultats, l'édition dans tous les sens du mot, qui se heurte à de nombreuses difficultés. C'est un peu la quadrature du cercle : il s'agit d'offrir un texte unique, scientifique, de référence, supposé le plus proche possible de l'auteur ; tout en gardant la trace des autres textes, ceux qu'on a écartés mais qui ont existé, avec lesquels on a hésité, que d'autres peut-être auraient adoptés. L'édition traditionnelle se tire d'affaire en imprimant en haut le texte établi, en bas les leçons rejetées.

Là encore, la technologie ouvre de nouveaux possibles. Avec elle, on peut naviguer entre tous les états réels et virtuels d'une œuvre, les interroger, les annoter, les comparer avec les fac-similés de leurs témoins, le texte de leurs sources ou parallèles, les associer à toutes sortes de ressources complémentaires. Est-ce pour autant la fin de l'édition imprimée ? Ce n'est pas certain, car souvent les *media* s'empilent et ne se remplacent pas[14]. En

---

passion. Mélanges en l'honneur de Pascale Bourgain, Turnhout, 2016 (Instrumenta patristica et mediaevalia, 71), p. 939-968.

13. Caroline Macé, Ilse De Vos et Koen Geuten, « Comparing Stemmatological and Phylogenetic Methods to Understand the Transmission History of the *Florilegium Coislinianum* », in *Ars edendi Lecture Series*, Alessandra Bucossi et Erika Kihlman éd., vol. 2, Stockholm, 2012, p. 107-129.

14. C'est la conclusion que je propose dans « Critical editions and digital tools: an evaluation », in *Critical Editions of Medieval Philosophic Translations – Challenges and Opportunities. International Workshop & Summer School*, Tel Aviv University and Institute for Advanced Studies (Jerusalem), 22-27 July 2018 : « Quand le but le justifie et que les moyens le permettent, une double édition, numérique et imprimée, est la meilleure solution. L'édition numérique offre alors une "archive", un ensemble complet d'informations sur le texte et son histoire, une sorte d'atelier de l'éditeur, avec tous les matériaux sur lesquels il s'est fondé ; et l'édition imprimée offre une synthèse, moins riche, moins ouverte, moins flexible, mais par le fait même plus concentrée sur ce qui, d'un certain point de vue, est le

l'occurrence, l'édition critique, comme opération intellectuelle complexe, est parfaitement adaptée à un certain objet, celui du livre imprimé. On peut bien sûr le mimer sur la toile ; mais le transformer en un mille-feuilles de tous les textes concrets ou possibles, analogue aux *Cent mille milliards de poèmes* de Raymond Queneau et ouvert à tous les caprices du lecteur, c'est priver celui-ci de ce que peut-être il demanderait surtout : une édition « critique », c'est-à-dire qui résulte d'un travail patient et raisonné de discernement, de jugement, d'engagement scientifique, à partir certes de l'ensemble des informations disponibles, mais pour apporter quelque chose de plus : l'intime et ultime conviction, synthétique et argumentée, de celui qui a pris le temps d'examiner toutes les pièces, avant de les agencer dans une même histoire.

3. L'interprétation des œuvres

Après le recensement des témoins et l'analyse de leur généalogie, il peut sembler curieux, pour évoquer l'IRHT, de faire place à l'interprétation des œuvres. Celle-ci ne varie-t-elle pas avec chaque lecteur ? Et le rôle de l'IRHT – « la recherche au service de la recherche » selon une belle formule de M. Holtz[15] – n'est-il pas de fournir aux autres chercheurs le dossier codicologique et philologique complet d'une œuvre, sur lequel se fonderont ensuite toutes leurs utilisations et interprétations possibles ? Il y aurait alors, dans l'édifice de l'histoire, l'entrée des fournisseurs au rez-de-chaussée : c'est l'heuristique ; une suite de bureaux à l'entresol : c'est l'ecdotique ; et enfin l'étage noble du premier : c'est l'étude proprement dite des œuvres, qu'elle soit linguistique, historique, littéraire, doctrinale, que sais-je.

Mais qui ne voit que cette division du travail, utile jusqu'à un certain point, devient stérile dès lors qu'on l'absolutise ? Que pour éditer critiquement un texte ou comprendre sa transmission manuscrite, il ne suffit pas d'en examiner les copies et les variantes, il faut encore s'intéresser à sa langue, son style, son auteur, ses sources, son contexte historique, son genre littéraire, le champ du savoir dont il relève et les interprétations diverses qu'il est apte à susciter ? La recherche des sources, par exemple, est censée se pratiquer sur un texte à peu près définitif ; pourtant la découverte des

---

but principal d'une édition critique, c'est-à-dire : donner à lire et à comprendre l'œuvre d'un auteur, insérée dans l'histoire manuscrite de sa diffusion. » Voir aussi : *Digital Scholarly Editing: Theories and Practices*, Matthew James Driscoll et Elena Pierazzo éd., *Cambridge*, Open Book Publishers, 2016. URL : https://www.openbookpublishers.com/htmlreader/978-1-78374-238-7/contents.xhtml.

15. Louis Holtz, « L'IRHT au fil des ans », *Les 70 ans de l'IRHT. L'avenir d'une tradition* [en ligne], mis en ligne le 21 décembre 2015. URL : https://irht.hypotheses.org/1293.

sources, que les concordances électroniques facilitent prodigieusement sans remplacer la lecture des œuvres, conduit souvent à modifier le texte qu'on se proposait d'établir. Les erreurs conjonctives, chères à la tradition lachmannienne, relèvent à la fois de l'édition et de l'interprétation. L'étude des textes est donc stratifiée, mais forme un tout. À trop séparer les tâches qui la composent, on obtiendrait des érudits qui éditent sans comprendre, et des historiens qui interprètent sans connaître.

C'est pourquoi, dans les sections linguistiques de l'IRHT, les collègues ont une spécialité seconde, en plus d'être des spécialistes des textes. Nous sommes historiens des écoles, des bibliothèques, des ordres religieux, de la grammaire, de la poésie, de l'histoire, de la médecine, des encyclopédies, du droit, de la philosophie, de la théologie, de la magie… non pas comme un violon d'Ingres, un délassement après l'étude des textes et des manuscrits, mais comme une condition pour la pratiquer vraiment. Spécialiste des textes et des manuscrits, on l'est d'autant mieux qu'on est spécialiste d'une certaine catégorie de textes et de manuscrits. Il est donc vital de maintenir unies les sciences de l'érudition et toutes les autres disciplines, sans faire des unes un marchepied pour atteindre les autres : entre toutes, le mouvement est circulaire, de sorte que l'histoire manuscrite des textes est tantôt le fondement, tantôt le couronnement des autres savoirs.

*
* *

En commençant, je m'interrogeais sur l'objet propre de l'IRHT, les manuscrits ou les textes. On voit maintenant que la question est encore plus large. Nous n'étudions pas seulement des manuscrits et des textes, mais aussi des faits et des idées. Pour bien observer les manuscrits et bien lire les textes, il faut, à travers eux et comme eux, viser plus loin qu'eux. Nos fondateurs ne consacraient-il pas l'IRHT à « la transmission écrite de la pensée humaine »[16] ? Ce qu'à leur suite nous cherchons à recueillir, ce n'est pas de la poussière, n'en déplaise à Ambrose Bierce ; c'est bien de la pensée humaine, en tant qu'elle se transmet à la main dans des images et dans des

---

16. Selon Louis Holtz, la formule est de Jeanne Vieillard : « J'en veux pour preuve l'objectif très large et ambitieux qu'assignait Jeanne Vieillard à l'Institut dont elle avait pris la direction : "le but de cet institut est d'étudier la transmission écrite de la pensée humaine" » ; voir « L'Institut de recherche et d'histoire des textes (IRHT). Premier laboratoire d'histoire au Centre National de la Recherche Scientifique », cité note 11, fin du paragraphe 3.

textes, pour que, de bibliothèque en bibliothèque, de livre en livre et de personne à personne, elle garde vivante jusqu'à nous et au-delà sa capacité de surprendre, d'instruire et parfois d'émerveiller.

Dominique POIREL

L'IRHT ET L'HISTOIRE DES BIBLIOTHÈQUES
DES MAURISTES AU NUMÉRIQUE*

« Étudier la transmission écrite de la pensée humaine »[1] : telle était –
rien de moins – l'ambition des fondateurs de notre Institut[2]. Or, il est très
vite apparu que cette histoire de la pensée humaine ne se limitait pas aux
seuls monuments écrits des plus grands esprits de l'Antiquité, transmis
jusqu'à nous à travers les siècles. Les exigences du philologue classique,
soucieux de rassembler les témoins manuscrits d'une œuvre donnée, ne
pouvaient qu'aller de pair avec une étude de l'histoire *matérielle* des textes,
à même de déterminer quand, où, par qui et comment cette même œuvre
avait été copiée, possédée et lue[3]. C'est pour répondre à ce besoin qu'a été
fondée au sein de l'Institut, dès 1943, une nouvelle section, ancêtre de ce qui

---

* Je remercie Anne-Marie Turcan-Verkerk, Monique Peyrafort-Huin et Hanno Wijsman
pour les informations et les souvenirs dont ils m'ont fait part, ainsi que Frédérique Pénin,
pour m'avoir aidé à consulter les archives de la section conservées à Orléans.

1. Jeanne Vielliard, « L'Institut de recherche et d'histoire des textes », *Bibliothèque de
l'École des chartes* 98, 1937, p. 428 ; Félix Grat, « [Les travaux de l'Institut de Recherche et
d'Histoire des textes et les manuscrits inconnus d'auteurs classiques latins découverts dans
les fonds non encore catalogués de la Bibliothèque Vaticane] », *Comptes rendus des Séances
de l'Académie des Inscriptions et Belles-Lettres* 1938, fasc. VI (nov.-déc.), p. 512-515, ici
p. 513 ; Jeanne Vielliard et Marie-Thérèse Vernet-Boucrel, « La recherche des manuscrits
latins », in *Mémorial des Études latines publié à l'occasion du vingtième anniversaire de la
Société et de la Revue des Études latines offert par la Société à son fondateur J. Marouzeau*,
Paris, Société d'édition « Les Belles Lettres », 1943, p. [442]-457, ici p. 445.

2. Sur les débuts de l'Institut, voir surtout les deux articles de Louis Holtz, « Les
premières années de l'Institut de recherche et d'histoire des textes », *La revue pour l'histoire
du CNRS* 2, 2000, p. 6-23, et « L'institut de recherche et d'histoire des textes (IRHT), Premier
laboratoire d'histoire au Centre national de la recherche scientifique », in *Pour une histoire
de la recherche collective en sciences sociales. Réflexions autour du cinquantenaire du
Centre de recherches historiques = Cahiers du Centre de Recherches Historiques* 36, 2005,
p. [121]-129.

3. Voir J. Vielliard, *loc. cit.* (n. 1) : la feuille de route du laboratoire naissant prévoit de
relever « toutes les mentions susceptibles d'aider à dater les manuscrits, à retrouver où et par
qui ils furent copiés, entre quelles mains ils passèrent ».

forme aujourd'hui la Section de Codicologie, d'histoire des bibliothèques et d'héraldique[4].

Cette « section de codicologie » est, on en conviendra, bien mal nommée. Jeanne Vielliard elle-même ne présentait-elle pas, en 1959, l'Institut dans son ensemble comme un « centre de recherches "codicologiques" »[5] ? Cela faisait pourtant plusieurs années déjà que la section, créée d'abord sous le nom de « Section de documentation sur les manuscrits du Moyen Âge »[6], avait adopté ce néologisme de formation encore toute récente[7] et qui n'allait pas tarder à s'imposer dans nos études[8]. Par « codicologie » – « nom barbare

4. Pour rester informé des activités de l'équipe, le lecteur peut se rapporter à la page de présentation de la section sur le site de l'IRHT [en ligne : https://www.irht.cnrs.fr/?q=fr/recherche/sections/codicologie-histoire-des-bibliotheques-et-heraldique]. La section dispose également d'un carnet de recherche, régulièrement mis à jour, sur la plateforme Hypotheses.org : *Libraria. Pour l'histoire des bibliothèques anciennes* [en ligne : https://libraria.hypotheses.org].

5. Jeanne Vielliard, « L'Institut de Recherche et d'Histoire des Textes et la codicologie », *Archives, Bibliothèques et Musées de Belgique* 30/2, 1959 (1960), p. [212]-216, ici p. [212]. Le texte de cet article est repris, assorti d'exemples, dans *Ead.*, « La codicologie à l'Institut de Recherche et d'Histoire des Textes », *Arquivo de Bibliografia Portuguesa* 5/17-18, 1959, p. 20-28. De même, Jacques Fontaine parlait de l'Institut comme d'un « sanctuaire de la codicologie », comme le souligne Jean Glénisson dans sa notice nécrologique de « Jeanne Vielliard (1894-1979) », *Bibliothèque de l'École des chartes* 140/2, 1982, p. 362-371, ici p. 362.

6. C'est sous cette dénomination que seront recensés ses travaux dans le *Bulletin d'information* de l'IRHT, à partir de la première livraison en 1953 : voir la présentation d'Élisabeth Hallaire (alors responsable de la section), in *Bulletin d'information* 1, 1952 (1953), p. 30-36.

7. On connaît le débat qui a existé autour de la paternité du néologisme, attribuable en fin de compte, plutôt qu'à Charles Samaran (dont la « codicographie » n'aura pas emporté l'adhésion), à Alphonse Dain (*Les manuscrits*, Paris, Les Belles Lettres, 1949 – ouvrage qui reflète des enseignements dispensés entre 1944 et 1947) : voir Albert Gruijs, « Codicology or the Archaeology of the Book? A false dilemma », *Quaerendo* 2/2, 1972, p. [87]-108, et les remarques d'Albert Derolez, « Codicologie ou archéologie du livre ? Quelques observations sur la leçon inaugurale de M. Albert Gruijs à l'Université catholique de Nimègue », *Scriptorium* 27/1, 1973, p. 47-49, ici p. 47. Le nom de « codicologie », au sujet de la section, apparaît pour la première fois dans un livret de présentation du laboratoire intitulé simplement *Centre National de la Recherche Scientifique. Institut de Recherche et d'Histoire des Textes*, imprimé en 1955 (ici p. 23).

8. En particulier en France : « Elle fait l'objet d'un enseignement à l'École des Chartes », écrivait en 1959 J. Vielliard, « La codicologie à l'Institut », *op. cit.* (n. 5), p. 22, qui consent de ce fait à l'utiliser – André Vernet intitulera, de fait, « Codicologie » une partie de son cours sur les sources de l'histoire de France ; voir les remarques faites au sujet de la diffusion du terme dans les années 1950-1960 par A. Gruijs, *op. cit.* (n. 7), p. 99, n. 2. Il semble donc que l'IRHT ait été la première institution à « officialiser » ce néologisme, en lui donnant,

pour une science passionnante », selon le mot de Jeanne Vielliard[9] –, il faut entendre, en réalité, l'histoire matérielle des manuscrits médiévaux pris dans leur individualité, « depuis le stade initial de la copie jusqu'à l'entrée des manuscrits dans les fonds ou collections où ils sont actuellement conservés »[10].

Moins équivoque, l'actuelle dénomination de la section rend aussi bien compte de l'élargissement progressif de son champ d'action et de compétences : de « section de documentation » qu'elle était à l'origine, la « section de codicologie », devenue ensuite « section de codicologie et d'histoire des bibliothèques occidentales », a finalement pris le nom qu'elle porte aujourd'hui au moment de l'intégration en son sein, en 1994, de la section d'héraldique, qui collaborait avec elle depuis de nombreuses décennies[11]. Aussi la section se définit-elle surtout aujourd'hui comme une section des *provenances anciennes*, et par là même d'*histoire des livres manuscrits et des collections anciennes de manuscrits, des origines à la Révolution*. Ses nombreux travaux et les grandes entreprises auxquelles elle a été ou est encore associée, développés pendant des décennies grâce à la détermination de directrices historiques comme Marie-Louise Auger ou Anne-Marie Genevois et sous l'influence de personnalités marquantes comme André Vernet, Jacques Monfrin et François Dolbeau, en font aujourd'hui un lieu important pour l'étude de la diffusion et de la circulation au Moyen Âge des textes antiques et médiévaux, en un mot pour bien des aspects de l'histoire de la transmission et de la réception[12].

L'anniversaire qui nous réunit aujourd'hui est, au-delà de la célébration, l'occasion de dresser un bilan – comme on en a déjà proposé plusieurs[13]

---

toutefois, une signification légèrement différente de celle que lui avaient donnée Alphonse Dain, Charles Samaran et François Masai.

9. Jeanne Vielliard, « Rapport présenté à l'occasion du 20e anniversaire de la fondation de l'Institut de Recherche et d'Histoire des Textes », *Bulletin d'information de l'Institut de Recherche et d'Histoire des Textes* 6, 1957 (1958), p. [101]-106, ici p. 104.

10. Telle est la définition que donne le petit livret de présentation paru sous le titre *Quand le livre était manuscrit. Présentation de l'Institut de recherche et d'histoire des textes*, avec la collaboration des sections de recherche de l'IRHT, Paris-Orléans, CNRS-IRHT, 1992, p. 35.

11. Au sujet de l'héraldique, on se reportera à la présentation de la section et de ses ressources faite par Hélène Loyau, « L'héraldique à l'IRHT. Les ressources de ses fichiers et de ses collections. Les projets en cours », *Les amis de l'I.R.H.T. Bulletin de l'Association* 2005, p. 4-7.

12. Voir aussi L. Holtz, « Les premières années », *op. cit.* (n. 2), p. 10.

13. Voir notamment Monique Peyrafort-Huin et Anne-Marie Turcan Verkerk, « Vers un corpus des inventaires médiévaux de bibliothèques françaises : des débuts de la section de Codicologie au projet *BMF*, 60 ans de recherches », in *Les bibliothèques médiévales au*

– des travaux réalisés durant trois quarts de siècle. Je me propose, pour ce faire, d'opérer un « retour aux origines », en rappelant sommairement quelles étaient les intentions premières de nos fondateurs, afin de mesurer les avancées obtenues grâce aux travaux de la section et, surtout, d'essayer d'imaginer quels développements pourra prendre cette recherche dans les années à venir (à partir de quelques travaux en cours). J'envisagerai tour à tour, sous cet angle, les trois grands axes qui définissent les activités de la section : la collecte et la description des inventaires de livres ; l'étude des marques de provenance des manuscrits mêmes ; la reconstitution des bibliothèques anciennes.

1. Les catalogues et inventaires anciens

Un projet de « Corpus des catalogues de bibliothèques médiévales »

La création d'une section spécialement dédiée aux provenances anciennes des collections de livres, et la date même de cette création – 1943 –, doivent, à mon sens, être replacées dans une tradition historique dont la naissance, à la fin du xixe siècle, montre combien l'affirmation des nationalismes européens n'a pas dû être étrangère à l'essor de l'histoire des bibliothèques. En 1897, le ministre autrichien de la Culture et de l'éducation, lui-même grand philologue, Wilhelm von Hartel, lançait un programme, d'une ampleur inédite, pour recenser, à travers les catalogues anciens de bibliothèques, le patrimoine livresque national[14]. Après l'Autriche-Hongrie, ce devait être au tour de l'Allemagne et de la Suisse de mettre en chantier

---

xxie siècle. Bases de données et inventaires en ligne. Actes de la table-ronde organisée à l'IRHT le 14 décembre 2006, Monique Peyrafort-Huin et Anne-Marie Turcan-Verkerk éd., Paris, IRHT (Ædilis), 2007 [en ligne : https://irht.hypotheses.org/680] ; Anne-Marie Turcan-Verkerk, « Les bibliothèques, matrices et représentations des identités. Occident latin, viiie-xviiie siècles », in *L'IRHT, avenir d'une tradition*, Paris, IRHT (Ædilis), 2007 [en ligne : https://irht.hypotheses.org/1341] ; Monique Peyrafort-Huin et Anne-Marie Turcan-Verkerk, « Les inventaires anciens de bibliothèques médiévales françaises. Bilan des travaux et perspectives », in *L'historien face au manuscrit. Du parchemin à la bibliothèque numérique. Actes du colloque de Saint-Mihiel, 25-29 octobre 2010*, Fabienne Henryot éd., Louvain-la-Neuve, Presses Universitaires de Louvain-la-Neuve, 2012, p. [149]-166.

14. *Mittelalterliche Bibliothekskataloge Österreichs*, Vienne, A. Holzhausen (puis Vienne-Cologne-Graz, H. Böhlaus), 5 volumes parus de 1915 à 1971 (plus un supplément au t. I, publié en 1969). Le premier volume, consacré au *Niederösterreich*, est dû à Theodor Gottlieb.

de semblables entreprises de recherche et de recensement des catalogues[15], qu'imiteront à leur tour, mais à partir de l'entre-deux-guerres, des pays comme la Grande-Bretagne, l'Italie ou, plus tard, la Belgique[16].

Pour la France, il était naturel que cette tâche échût à l'Institut nouvellement fondé, tant il était manifeste – et Giorgio Pasquali l'avait rappelé quelques années plus tôt – que les catalogues médiévaux constituaient une source des plus précieuses pour le philologue et l'historien des textes classiques[17]. Ce n'est que bien plus tard qu'on en est venu à étudier les catalogues pour eux-mêmes et avec les yeux de l'historien des pratiques bibliothéconomiques ou de la culture lettrée médiévale[18]. Dès la création de la section en 1943 est envisagée la constitution d'un « Corpus des catalogues de bibliothèques médiévales », qui puisse poursuivre pour la France les mêmes ambitions que les projets des institutions étrangères[19], et mettre en chantier une étude approfondie des catalogues[20]. C'est, au reste, ce qu'avait déjà commencé de faire Léopold Delisle, soixante-dix ans plus

15. *Mittelalterliche Bibliothekskataloge Deutschlands und der Schweiz*, Munich, C.H. Beck'sche Verlagsbuchhandlung, 9 volumes parus entre 1918 et 2009.

16. Sont parus les vingt volumes du *Corpus of British Medieval Libraries Catalogues*, désormais complet (Londres, The British Library-The British Academy, 1990-2015), et sept volumes du Corpus Catalogorum Belgii. *The Medieval Booklists of the Southern Low Countries* (Bruxelles, Paleis der Akademiën, 1966-2016) ; sept volumes composent actuellement la collection *RICABIM. Repertorio di Inventari e Cataloghi di Biblioteche Medievali dal secolo vi al 1520 – Repertory of Inventories and Catalogues of Medieval Libraries from the vith Century to 1520* (Florence, SISMEL-Edizioni del Galluzzo ; 7 volumes parus entre 2009 et 2017). Un bon aperçu historique des différents projets nationaux a été proposé par Giovanni Fiesoli et Elena Somigli, « Introduzione », in *RICABIM, op. cit.*, 1 : *Italia. Toscana*, Giovanni Fiesoli et Elena Somigli éd., Florence, SISMEL-Edizioni del Galluzzo (Biblioteche e archivi, 19), 2009, p. [XI]-XL, ici p. XII-XVI.

17. Voir Giorgio Pasquali, « Tradizione meccanica e varianti medievali », in *Id.*, *Storia della tradizione e critica del testo*, Florence, F. Le Monnier, 1934 (rééd. 1952), p. 167-168 : « Servigi immensi rende al filologo classico lo spoglio di testi dell'antichità che di sui cataloghi indicati dal Gottlieb pubblicò subito il medievalista Max Manitius. [...] È ormai venuto il tempo di una raccolta sistematica e completa di tutti i cataloghi medievali di biblioteche » – cité par G. Fiesoli et E. Somigli, *op. cit.* (n. 16), p. XXXVI, n. 48. Le modèle du genre, pour Pasquali, est le projet conduit par Paul Lehmann et l'Académie de Munich.

18. Plus tôt, cependant, que ne le dit Claudio Leonardi, « Premessa », in *RICABIM*, 1, *op. cit.* (n. 16), p. [VI].

19. Voir J. Vielliard et M.-Th. Vernet-Boucrel, *op. cit.* (n. 1), p. 449, et Jeanne Vielliard, « L'Institut de Recherche et d'Histoire des Textes et l'Histoire des Bibliothèques », in *Mélanges Joseph de Ghellinck, S. J.*, t. II : *Moyen Âge, époques moderne et contemporaine*, Gembloux, Duculot (*Museum Lessianum*. Section historique, 14), 1951, p. [1053]-1058, ici p. 1056.

20. Sur les traces, entre autres, des travaux de Joseph de Ghellinck, comme le souligne explicitement J. Vielliard, *op. cit.* (n. 19), p. 1054-1056 (en particulier p. 1054 et n. 2).

tôt, en publiant dans son *Cabinet des manuscrits* plusieurs inventaires de bibliothèques médiévales françaises conservés dans les manuscrits de la Bibliothèque nationale[21] – et c'est expressément dans la lignée des travaux de Delisle que la section de codicologie a inscrit ses activités[22].

Le travail de la section ne pouvait donc débuter que par la phase, laborieuse, du repérage et du répertoriage de toutes les listes de livres (au sens large) décrivant des ouvrages manuscrits conservés, à un moment de leur histoire, sur l'étendue du territoire français actuel. On entreprit alors un dépouillement méticuleux de la bibliographie existante, à commencer par les usuels classiques de Gustav Becker et de Theodor Gottlieb[23], dont il convenait cependant de mettre à jour les informations (nouvelles datations, nouvelles attributions, étude critique, etc.) et qu'il devenait possible de compléter par l'ajout de nouveaux documents ; étaient également dépouillées les revues savantes (jusqu'aux moins accessibles), puis les monographies, à la recherche de toute transcription ou indication de liste de livres, même modeste ; enfin, se constituait un important fonds documentaire comportant non seulement des photocopies de ces publications, mais surtout des photographies des

21. Le deuxième tome du *Cabinet des manuscrits de la Bibliothèque nationale*, Paris, 1874, s'achève sur un « Appendice comprenant un choix d'anciens catalogues de livres du XIIe au XVe siècle », p. [427]-550 (vingt-sept catalogues au total). G. Fiesoli et E. Somigli, *op. cit.* (n. 16), p. XIII, ont eux aussi mis en parallèle l'entreprise de Léopold Delisle et celle, contemporaine, de Gustav Becker. Il existe, à la section de codicologie, un index sur fiches des catalogues publiés dans le *Cabinet*, de la main d'André Vernet. André Vernet, « Études et travaux sur les bibliothèques médiévales (1937-1947) », *Revue d'Histoire de l'Église de France* 34, 1948, p. [63]-94 [reproduit in *Id.*, *Études médiévales*, Paris, Études augustiniennes, 1981, p. 457-488], qui loue l'« ampleur surprenante pour son temps » de « cette magistrale thèse » (p. 92-93), souligne aussi, p. 80, la place qui doit revenir, dans ce domaine, à l'ouvrage d'Émile Lesne, *Histoire de la propriété ecclésiastique en France*, t. IV : *Les livres. « Scriptoria » et Bibliothèques du commencement du VIIIe à la fin du XIe siècle*, Lille, Faculté catholique (Mémoires et travaux publiés par des professeurs des Facultés catholiques de Lille, fasc. XLVI), 1938.

22. On lit dans le rapport sur l'activité de l'IRHT de 1955, déposé aux Archives départementales du Loiret (1 W-DÉPÔT, 186 b) : « La confrontation des éléments recueillis de différents côtés a abouti à des résultats du plus haut intérêt (identifications de *scriptoria*, reconstitution de bibliothèques anciennes dont il n'existait ni catalogue ni inventaire, …), complétant et élargissant considérablement le remarquable "Cabinet des manuscrits" de L. Delisle. » Voir également J. Vielliard, « La codicologie à l'Institut », *op. cit.* (n. 5), p. 22.

23. *Catalogi bibliothecarum antiqui*, collegit Gustavus Becker, Bonnae, Apud Max. Cohen et filium (Fr. Cohen), a. MDCCCLXXXV ; Theodor Gottlieb, *Über mittelalterliche Bibliotheken*, Leipzig, O. Harrassowitz, 1890 [reproduction anastatique : Graz, Akademische Druck- und Verlagsanstalt, 1955]. Voir Jacques Monfrin, « Les études sur les bibliothèques médiévales à l'Institut de recherche et d'histoire des Textes », *Bibliothèque de l'École des chartes* 106/2, 1946, p. 320-322, ici p. 320, et J. Vielliard, *op. cit.* (n. 19), p. 1056-1057.

catalogues originaux eux-mêmes dans leur forme manuscrite[24]. Trois ans à peine après sa création officielle, la section se trouvait déjà dotée d'un fichier de « bibliographie des bibliothèques anciennes » d'environ 6 000 fiches, qui faisait espérer à Jacques Monfrin que soit publiée, « sans trop tarder », pour chaque collection médiévale, une bibliographie complète[25]. Mais ce fichier devait, cependant, conserver son format papier pendant une quarantaine d'années encore, durant lesquelles les membres de la section continueront sans relâche à dépouiller, semestre après semestre, les dernières publications érudites à la recherche des mentions de manuscrits, tout en poursuivant la collecte d'informations nouvelles par une fréquentation directe des fonds d'archives et des bibliothèques.

DES *BMMF* AUX *BMF*

Ce patient travail de collecte, d'analyse, souvent aussi de transcription, des inventaires finit par trouver son premier accomplissement au moment même où l'on célébrait le cinquantenaire de l'Institut, en 1987, par la publication de l'ouvrage phare de la section : *Bibliothèques de manuscrits médiévaux en France. Relevé des inventaires du VIIIe au XVIIIe siècle*[26]. Modeste par son titre, comme dans sa signature (l'ouvrage est publié sans « direction », mais par les soins des membres de la section, Anne-Marie Genevois, qui la dirigeait alors, Jean-François Genest et Anne Chalandon), ce qui était plus qu'un « *Relevé* » marquait, en réalité, une avancée considérable dans l'histoire des bibliothèques françaises, et ce pour au moins trois raisons :

– Du point de vue documentaire, d'abord : le nouveau répertoire suscite l'admiration pour sa « moisson inattendue »[27] : il totalise, en effet, 1 938 entrées, contre les 252 documents relatifs à la France que répertoriait Gottlieb un siècle plus tôt[28] ;

– Ensuite, pour les informations procurées dans chacune des fiches signalétiques, qui fournissent pour chaque inventaire une attribution vérifiée

---

24. Voir J. Vielliard et M.-Th. Vernet-Boucrel, *op. cit.* (n. 1), p. 449-450.

25. J. Monfrin, *op. cit.* (n. 23), p. 321.

26. *Bibliothèques de manuscrits médiévaux en France. Relevé des inventaires du VIIIe au XVIIIe siècle* établi par Anne-Marie Genevois, Jean-François Genest et Anne Chalandon, avec la collaboration de Marie-Josèphe Beaud et Agnès Guillaumont pour l'informatique, Paris, Éditions du Centre National de la Recherche Scientifique, 1987, XIX-388 p.

27. C'est le mot de Pierre-Maurice Bogaert, [c. r. des *BMMF*], *Revue bénédictine* 99/1-2, 1989, p. 186-187, ici p. 186.

28. Les références du répertoire de Gottlieb ont été systématiquement enregistrées dans les notices des *BMMF*.

et une datation au moins approximative, autant d'éléments qui, trente ans après, servent encore de référence ;

– Enfin, parce que c'était là le résultat d'une des premières entreprises réalisées par ordinateur au sein du laboratoire, à partir du logiciel CLEO créé par l'IRHT dans les années 1970[29] ;

En réalité, le répertoire des *BMMF* n'est que la partie émergée – la seule jugée exhaustive – d'un projet qui prévoyait un traitement semblable pour les inventaires étrangers[30].

Par ces différents aspects, la publication de 1987 ne faisait que tracer une voie pour ses continuateurs. Elle fournissait à la fois un recensement large et une base solide pour qui voulait étudier les inventaires médiévaux. Il faut dire que, avec la publication, la même année et aux mêmes Éditions du Centre National de la Recherche Scientifique, du tome consacré par Birger Munk Olsen aux *Classiques dans les bibliothèques médiévales*[31], la communauté scientifique se trouvait fortement munie pour aborder avec assurance le *mare magnum* des inventaires anciens[32].

La parution simultanée de ces deux outils ne pouvait – comme souvent en pareil cas – qu'encourager les études sur les bibliothèques anciennes et susciter de nouvelles découvertes ou la réparation de quelques oublis[33].

---

29. Voir, à ce sujet, la conférence de Lucie Fossier et José Beaud sur « Les débuts de l'informatique à l'IRHT », dont le texte a paru en 2005 comme « Supplément » du *Bulletin de l'Association* (cité n. 11).

30. Les responsables de la publication s'en sont expliqués dans deux articles préparatoires : [André Vernet], Anne-Marie Genevois et Jean-François Genest, « Pour un traitement automatique des inventaires anciens de manuscrits », *Revue d'Histoire des Textes* 3, 1973, p. [313]-314 et 4, 1974, p. [436]-437 et pl. XX-XXIII. Dans le premier article, il était même envisagé de publier une transcription des documents.

31. Birger Munk Olsen, *L'étude des auteurs classiques latins aux XIe et XIIe siècles*, t. III, 1re partie : *Les classiques latins dans les bibliothèques médiévales*, Paris, Éditions du Centre National de la Recherche Scientifique, 1987. Ce volume donne, pour chaque bibliothèque médiévale dont on sait qu'elle a possédé des ouvrages classiques, une description et une datation des éventuels inventaires existants, ainsi qu'une liste des manuscrits conservés. L'auteur rend hommage, d'ailleurs, à la section de codicologie dans son « Avant-propos », p. VII.

32. Dès 1989, le premier tome de la monumentale *Histoire des bibliothèques françaises* l'énonçait déjà comme une évidence : André Vernet, « Introduction », in *Histoire des bibliothèques françaises*, t. I : *Les bibliothèques médiévales du VIe siècle à 1530*, André Vernet dir., [Paris], Promodis-Éditions du Cercle de la Librairie, 1989, p. XXI-XXIV, ici p. XXIII.

33. A. Vernet, *loc. cit.* (n. 32). Dès 1988, François Dolbeau publiait un catalogue inédit de l'abbaye d'Hasnon : François Dolbeau, « La bibliothèque de l'abbaye d'Hasnon d'après un catalogue du XIIe siècle », *Revue des Études augustiniennes* 34, 1988, p. [237]-246. Voir aussi les ajouts du même dans son compte rendu des *BMMF*, in *Revue des Études augustiniennes* 35/1, 1989, p. 204-206.

Destiné, par son utilité même, à se périmer, le répertoire des *BMMF* a rapidement demandé à être remplacé par un nouvel outil de recherche qui enregistre les découvertes de documents dont on ignorait l'existence en 1987 ou qui prenne en compte les nouvelles datations ou attributions proposées depuis.

Le « tournant » informatique amorcé par l'entreprise des *BMMF* s'est ainsi renforcé encore autour du changement de siècle, lorsqu'a été décidée la reprise et la mise à jour de ce répertoire sous la forme d'une base de données électronique. Ce projet d'une refonte complète, sous le titre *Bibliothèques médiévales de France (BMF). Répertoire des catalogues, inventaires, listes diverses de manuscrits médiévaux (VIIIᵉ-XVIIIᵉ siècles)*[34], dirigé par Anne-Marie Turcan-Verkerk et Monique Peyrafort-Huin, a bénéficié, à partir de 2006, de plusieurs financements de l'ANR, qui ont permis à l'équipe de l'enrichir au fur et à mesure grâce à l'étude d'ensembles documentaires thématiques ou régionaux[35]. N'étant contraint par aucune limite matérielle de mise en page, le répertoire pouvait ainsi prétendre donner pour chaque document une analyse fouillée, véritable progrès permis par le choix du numérique. Un premier bilan, en 2012, faisait espérer que le nouveau répertoire compterait deux fois plus d'entrées que les *BMMF*[36] ; il faut encore presque doubler ce nombre aujourd'hui.

Et maintenant ?

Comment expliquer cette progression exponentielle ? Et surtout, comment faire en sorte qu'elle se poursuive ?

La première leçon que l'on peut tirer de l'expérience de nos prédécesseurs est la nécessité de ne pas restreindre l'enquête aux seuls catalogues ou inventaires (pour reprendre la distinction établie par Albert Derolez[37]). Les *BMMF*, déjà, faisaient entrer dans les « listes de livres » des documents

---

34. Le répertoire est accessible à l'adresse suivante : http://www.libraria.fr/fr/bmf/repertoire-bmf-1---accueil. Il migrera prochainement dans la collection *THECAE* (voir *infra*, p. 45).

35. Pour une présentation du projet et de ses origines, voir Monique Peyrafort-Huin, « L'Odyssée de l'ISBA : nouvelles orientations et perspectives », 2005 [en ligne : https://irht.hypotheses.org/138], ainsi que M. Peyrafort-Huin et A.-M. Turcan-Verkerk, « Les inventaires anciens », art. cité (n. 13).

36. M. Peyrafort-Huin et A.-M. Turcan-Verkerk, « Les inventaires anciens », art. cité (n. 13), p. 156-157.

37. Albert Derolez, *Les catalogues de bibliothèques*, Turnhout, Brepols (Typologie des sources du Moyen Âge occidental, 31), 1979, p. 15.

aussi variés que des inventaires après décès, des testaments, des mises en gage, mais aussi des obituaires, des sources littéraires, etc.[38].

Mais surtout, il est apparu indispensable de chercher à combler, plus encore qu'on ne l'avait fait auparavant, le « vide » relatif qui existait, dans la discipline, entre la fin du xve et la période révolutionnaire, qui correspond peu ou prou à la constitution des fonds tels qu'ils sont conservés aujourd'hui encore et qu'ils ont été décrits à partir du milieu du xixe siècle[39]. Constatant les lacunes de la documentation existante, l'ÉquipEx Biblissima a défini plusieurs champs d'investigation et financé des projets partenariaux qui s'y inscrivaient : la documentation des érudits modernes qui avaient visité, aux xviie et xviiie siècles, nombre de bibliothèques (ecclésiastiques ou non, collectives et privées…) comme le belge Antoon Sanders[40] et les bénédictins de Saint-Germain-des-Prés[41] ; les fonds des archives départementales (en particulier les actes notariés, avec une attention plus grande pour les séries G, H, J, R) ; les inventaires révolutionnaires établis au moment de la nationalisation des biens du clergé, conservés aujourd'hui dans les

38. Voir [A. Vernet], A.-M. Genevois et Jean-François Genest, *op. cit.* (n. 30), 3, 1973, p. [313].

39. C'est déjà ce qui avait amené Marie-Louise Auger, longtemps responsable de la section, à sa thèse de troisième cycle, sous la direction d'André Vernet : voir Marie-Louise Auger, *La Collection de Bourgogne (mss 1-74) à la Bibliothèque nationale. Une illustration de la méthode historique mauriste*, Genève, 1987 (École pratique des Hautes Études, V. Hautes Études médiévales et modernes, 59), en particulier son « Introduction », p. [1]-10, ici p. [1].

40. Un projet d'édition électronique de la *Bibliotheca Belgica manuscripta. Sive Elenchus universalis codicum mss. in celebrioribus Belgii coenobiis, ecclesiis, urbium ac privatorum hominum bibliothecis adhuc latentium* d'Antonius Sanderus (Lille, 1641-1644), financé par la Politique scientifique fédérale belge et par l'ANR Biblifram, a été mené à bien grâce à une collaboration entre la Bibliothèque royale de Belgique (Lucien Reynhout) et l'IRHT (Emmanuelle Kuhry) ; voir *infra*, p. 46 et n. 80.

41. Dans le cadre du projet « Édition hypertexte de la *Bibliotheca bibliothecarum manuscriptorum nova* de Bernard de Montfaucon » (2014-2017), en collaboration avec la Bibliothèque nationale de France : le projet, dont les résultats seront publiés dans la collection *THECAE* (voir *infra*, p. 46 et n. 79), a aussi donné lieu à des journées d'étude dont les actes sont sous presse : *Autour de la* Bibliotheca bibliothecarum manuscriptorum nova. *Actes des journées d'étude sur Bernard de Montfaucon, les mauristes et les bibliothèques de manuscrits médiévaux (Paris, 14-15 janvier 2016)*, Jérémy Delmulle éd., Turnhout, Brepols (*Bibliologia. Elementa ad librorum studia pertinentia*). La documentation mauriste avait déjà fait l'objet de travaux de la part de membres de la section, en dehors de Marie-Louise Auger : plusieurs des dossiers qu'André Vernet avait baptisés – peut-être à tort – « Dossiers Montfaucon » figuraient déjà dans les *BMMF* et dans les boîtes du fichier Vernet.

dépôts d'archives départementales et aux Archives nationales de France[42]. Les résultats obtenus montrent ce que la recherche en histoire des textes et des bibliothèques peut espérer, en matière de découvertes, d'un examen systématique[43].

Un dépouillement méthodique des dossiers mauristes à la Bibliothèque nationale a ainsi permis d'identifier et d'étudier plus de 900 documents de nature variée (catalogues, inventaires proprement dits, mais aussi cahiers de collations, copies d'extraits, mentions de livres dans la correspondance), dont moins de 20 % seulement était répertorié dans les *BMMF*. Deux d'entre eux se sont révélés être des inventaires médiévaux perdus et inconnus par ailleurs, mais dont une copie nous a été conservée parmi les papiers du mauriste Dom Jérôme-Anselme Le Michel[44]. Les autres, produits par les bénédictins de Saint-Germain-des-Prés ou leurs correspondants, nous font connaître l'état, à une période assez tardive et peu de temps avant leur dispersion, de collections qui pouvaient être déjà connues de nous (en particulier, par exemple, les bibliothèques des abbayes bénédictines de Normandie), ou de bibliothèques dont nous ignorions tout. Ils peuvent aussi, plus ponctuellement, apporter de précieuses informations sur la provenance de tels manuscrits conservés. Ainsi, l'exploitation des papiers de Dom Le Michel nous permet désormais également de connaître avec certitude la provenance de près de deux-cents fragments de manuscrits envoyés au xviie siècle à Saint-Germain-des-Prés depuis toute la France et qui sont aujourd'hui à la Bibliothèque nationale, souvent sans mention de provenance[45].

---

42. Le projet « Catalogues de bibliothèques ecclésiastiques saisies pendant la période révolutionnaire (1770-1797) », fruit d'une collaboration avec les Archives nationales, a également été l'occasion d'une journée d'études intitulée « Recenser les "richesses littéraires de la nation". Pour une moisson des inventaires révolutionnaires » (Paris, IRHT, 11 décembre 2015).

43. On ajoutera aux projets présentés ici la base de données créée par l'École nationale des chartes *Esprit des livres. Base de données des catalogues de vente de bibliothèque de l'époque moderne conservés dans les bibliothèques parisiennes* [en ligne : elec.enc.sorbonne. fr/cataloguevente]. Le dépouillement des catalogues de vente constitue, lui aussi, un terrain assez neuf dans l'histoire des provenances.

44. Il s'agit d'un catalogue des livres de Saint-Pierre de Jumièges, daté de 1333, et d'un inventaire des livres et des reliques du prieuré d'Auffay, dépendant de Saint-Évroult, daté de 1334 : voir Jérémy Delmulle, « Deux inventaires médiévaux de bibliothèques normandes conservés par Dom Jérôme-Anselme Le Michel (*c.* 1640) », à paraître dans *Tabularia*. « Documents ».

45. Je me permets de renvoyer à ce sujet à mon livre en préparation : *Les mauristes à la recherche d'inédits. Dom Anselme Le Michel et les sources du* Spicilegium *de Dom Luc d'Achery*, Turnhout, Brepols.

Les enquêtes menées sur les inventaires révolutionnaires aux Archives nationales ainsi que dans des dépôts d'archives départementales ont également permis d'exhumer plusieurs centaines de nouveaux documents, qui demandent maintenant à être dûment décrits et édités. Je signalerai deux découvertes parmi les plus intéressantes. Un « Catalogue des livres de la bibliothèque du district de L'aigle » (Laigle, dans l'Orne), découvert par Frédéric Duplessis, donne la description, entre 1791 et 1795, d'un ensemble de cent-trente manuscrits, principalement médiévaux, provenant de l'abbaye de Saint-Évroult-d'Ouche, qui vient utilement compléter les documents connus jusque-là et permet de suivre une collection quasi entière jusqu'à son arrivée dans les dépôts littéraires, quelques années seulement avant le transfert des manuscrits à Alençon, où l'on n'en connaît plus aujourd'hui que quatre-vingts de même provenance[46]. De son côté, travaillant sur les inventaires révolutionnaires envoyés à l'administration centrale et conservés aujourd'hui aux Archives nationales, Anastasia Shapovalova a pu mettre la main sur une copie – la seule qui nous soit conservée – d'un catalogue sur cartes d'un ensemble de quatre-vingt-neuf manuscrits de Gembloux retrouvés à Bruxelles en 1795[47].

Ces résultats n'auraient pas été possibles sans le financement de projets collectifs et le recrutement de chercheurs contractuels ; ils doivent aussi beaucoup aux étroites collaborations entre le laboratoire et des institutions, notamment la Bibliothèque nationale de France, qui ont permis à deux d'entre nous d'avoir un accès facilité aux fonds du Département des manuscrits ; on ne saurait, enfin, oublier le changement radical qu'a apporté, à cet égard, la multiplication des campagnes de numérisation des fonds patrimoniaux – j'y reviendrai.

Comment poursuivre ce travail et susciter de nouvelles découvertes ? Il nous importe de pouvoir continuer à traiter de grands ensembles documentaires d'une manière méthodique : en poursuivant le tour de France des dépôts d'archives départementales, en examinant les papiers personnels

---

46. Voir la notice du catalogue dans les *BMF* : Frédéric Duplessis, « Laigle, District – 1791-1795 », in *BMF, op. cit.* (n. 34) [en ligne : http://www.libraria.fr/fr/BMF/saint-evroult-douche---1791-1795], ainsi que son article « Les manuscrits de l'abbaye de Saint-Évroult à la fin du xviiie siècle : édition et commentaire de l'inventaire révolutionnaire du district de Laigle », à paraître dans *Tabularia. « Documents »*.

47. Voir Anastasia Shapovalova, « L'importance des sources de l'époque révolutionnaire pour la reconstruction de la bibliothèque médiévale : le cas de l'abbaye bénédictine de Gembloux », *Gazette du livre médiéval* 63, 2017 (2018), p. [20]-40, et son édition électronique des deux inventaires du xviiie siècle qu'elle a identifiés dans la collection *THECAE* : *Inventaires de Gembloux* [en ligne : https://www.unicaen.fr/puc/editions/gembloux/accueil].

et la correspondance des érudits modernes, en se livrant à un relevé systématique, qui manque encore, des mentions des manuscrits utilisés à l'époque moderne par les éditeurs de textes, ou des archives consultées par les historiens[48]. Ce ne sont là, bien sûr, que quelques pistes parmi d'autres.

2. Les marques de provenance

Mais les bibliothèques médiévales sont loin d'avoir toutes dressé et tenu à jour des catalogues qui nous permettraient de les reconstituer sans manque ; et un grand nombre de ces documents, qui n'étaient pas destinés à être conservés durablement, ne sont d'ailleurs pas parvenus jusqu'à nous. C'est toute l'originalité de la section de codicologie que d'avoir voulu associer à ce premier projet un travail de collecte systématique de toutes les informations disponibles sur la fabrication, la possession et l'utilisation de tous les manuscrits, dans leur individualité.

UNE DOCUMENTATION MASSIVE

La section s'est, dès ses premières années, consacrée à la constitution de sa « documentation », par un travail de dépouillement des publications anciennes et une constante veille bibliographique, qui a occupé ses membres mois après mois, dans l'espoir, nourri par Jeanne Vielliard, de parvenir à la réalisation d'un *Ker* français, c'est à dire d'un répertoire faisant la liste, pour chacune des bibliothèques anciennes de France, des manuscrits qui peuvent lui être rattachés grâce à des mentions de possesseur, un système de cotation, un ex-libris, etc.[49]. Autant de marques de provenance que les collaborateurs

48. Figurant au programme dressé en 1948 par A. Vernet, *op. cit.* (n. 21), p. 93, ces dernières mentions avaient été « provisoirement écartées » du répertoire de 1987 (*BMMF*, *op. cit.* [n. 26], p. XI). Elles mériteraient d'être réunies systématiquement : les spécialistes d'Augustin savent bien, par exemple, quel intérêt peuvent avoir des études telles que celles de Richard Cornelius Kukula, *Die Mauriner Ausgabe des Augustinus. Ein Beitrag zur Geschichte der Literatur und der Kirche im Zeitalter Ludwigs XIV*, 3 parties (en 4 livraisons), Vienne, F. Tempsky (Sitzungsberichte der Philosophisch-historischen Klasse der kaiserlichen Akademie der Wissenschaften, 121/5, 122/8, 127/5 et 138/5), 1890-1898, et de Cyrille Lambot, « Les manuscrits des sermons de saint Augustin utilisés par les mauristes », in *Mélanges Joseph de Ghellinck, S. J.*, t. I : *Antiquité*, Gembloux, Duculot (*Museum Lessianum*. Section historique, 13), 1951, p. [251]-263, reproduit dans *Mémorial Cyrille Lambot = Revue bénédictine* 79/ 1-2, 1969, p. [98]-114.

49. Sur le modèle de *Medieval Libraries of Great Britain: A List of surviving books*, edited by Neil Ripley Ker, Londres, Offices of the Royal Historical Society (Royal Historical Society. Guides and Handbooks, 15), 1941 ; cet ouvrage a connu une seconde édition

de la section ont traquées dans les notices des catalogues imprimés, dans des publications ou par un examen autoptique des manuscrits. Des recherches lancées tous azimuts ont donné à cette documentation une ampleur telle qu'elle a fini par se répartir en non moins de six fichiers (possesseurs ; copistes ; enlumineurs ; manuscrits datés ; bibliographie ; *varia*), auxquels viendront s'ajouter plus tard un fichier « autographes » ainsi qu'un fichier de travail liturgique.

Pour cette dimension de la recherche, qu'un rapport d'activité du milieu des années 1950 présente comme une « science encore dans l'enfance »[50], la date charnière me semble être 1965. Cette année-là est celle de la fusion de la masse de fiches accumulées durant deux décennies en deux ensembles, classés selon une distinction « personnes physiques » / « personnes morales » dont hériteront les *BMMF*, puis les *BMF* et tous les outils développés depuis[51]. C'est également l'année où l'on commence à observer un intérêt marqué pour l'étude des reliures, qui prendra de plus en plus de place, sous l'impulsion d'Anne-Marie Genevois, jusqu'à déboucher en 1967 sur un projet collectif de description des reliures de la Bibliothèque nationale[52].

en 1964, encore mise à jour en 1987 par un *Supplement to the Second Edition*, Andrew G. Watson éd., Londres, Offices of the Royal Historical Society (Royal Historical Society. Guides and Handbooks, 15), 1987. Voir J. Vielliard, *op. cit.* (n. 19), p. 1057 ; l'idée d'un équivalent français avait déjà germé au moment même de la publication du savant anglais : voir le compte rendu qu'en avait fait Jeanne Vielliard pour la *Bibliothèque de l'École des chartes* 106/1, 1946, p. 125-126, en particulier p. 126, n. 1.

50. « Rapport sur l'activité », *op. cit.* (n. 22).

51. Cette division est également celle qu'adopte, en 1987, B. Munk Olsen, *op. cit.* (n. 31) comme division de son ouvrage ; il ajoute une troisième catégorie, « Les bibliothèques indéterminées ».

52. D'après plusieurs rapports d'activité (Archives départementales du Loiret, 1 W-DÉPÔT, 180e), au premier semestre de l'année 1967 a été préparé par Anne-Marie Genevois et Denise Gid un projet de description des reliures, accompagné d'un questionnaire destiné aux différents collaborateurs. Les premiers chantiers concerneront les reliures des manuscrits hébreux de Strasbourg, pour le catalogue des *Manuscrits médiévaux en caractères hébraïques portant des indications de date jusqu'à 1540* (3 tomes en 7 volumes ; Paris-Jérusalem, Centre National de la Recherche Scientifique-Académie nationale des Sciences et des Lettres d'Israël, 1972-1986), et les reliures de la Bibliothèque Mazarine, dont le catalogue paraîtra en 1984 : Denise Gid, *Catalogue des reliures françaises estampées à froid (xvᵉ-xviᵉ siècle) de la bibliothèque Mazarine*, Paris, Éditions du Centre National de la Recherche Scientifique (Documents, Études et Répertoires, 27/1-2), 1984. Les reliures ont ensuite été étudiées par Guy Lanoë, passé de la section de codicologie à celle de paléographie en 1997 ; dernièrement, leur étude a été relancée par la mise au point d'une fiche descriptive détaillée des reliures dans *Bibale* et par l'étude des reliures médiévales de l'abbaye de Clairvaux par Élodie Lévêque (thèse en cours depuis 2014 à l'Université Paris-Nanterre, sous la direction de François Bougard).

C'est alors que l'on voit apparaître çà et là dans les publications savantes des mentions élogieuses du « fichier » de la section, qui a tant servi le travail des érudits[53].

BIBALE, « BIBLIOTHÈQUE IDÉALE »

Depuis 2005 et l'informatisation du travail de la section, ce fichier papier, lourd d'environ 350 000 fiches, n'est plus alimenté. C'est une base de données relationnelles qui en a pris naturellement le relais, ne faisant que poursuivre un système de classement initialement conçu déjà comme une base de données à entrées multiples. La base *Bibale* a vocation, en effet, à recueillir les informations contenues dans ce fichier, mais également dans les 250 000 fiches du « fichier Vernet » légué à la section en 1988[54], ainsi que dans les 5 500 entrées du « fichier peint » de l'ancienne section héraldique[55]. Mais elle doit aussi mettre à jour toutes les données de provenance du fichier en poursuivant au quotidien le travail de veille bibliographique.

« Bibliothèque médiévale » devenue « bibliothèque idéale », *Bibale* offre le double avantage de multiplier les liens automatisés entre des livres et leurs utilisateurs, entre des bibliothèques, entre des possesseurs, de permettre de suivre un texte ou un livre de possesseur en possesseur, et surtout de rendre tout vérifiable par la convocation des pièces justificatives – excellent moyen de former l'utilisateur à ce qu'Anne-Marie Turcan-Verkerk a appelé l'« ascèse de la vérification »[56]. Opérationnelle depuis 2012, sous la responsabilité d'Hanno Wijsman, la base est publique depuis 2014, et une nouvelle version est sur le point de voir le jour (ouverture prévue en juin 2018) : financée par Biblissima, elle est le fruit d'une collaboration avec la Bibliothèque de l'Institut et un ensemble de bibliothèques, qui est destinée à

---

53. Dès 1948 A. Vernet, *op. cit.* (n. 21), p. 92, mettait au nombre des outils indispensables à l'historien des bibliothèques « the last but not the least, [...] les fichiers libéralement ouverts aux chercheurs par l'Institut de recherche et d'histoire des textes ».

54. Ce fichier est conservé à la section de codicologie, où il est consultable sur demande.

55. Le « fichier peint », préparé par les membres de la section d'héraldique, a été intégralement versé dans la base *Bibale*. Voir Hanno Wijsman, « La base de données Bibale, un outil pour des recherches héraldiques », in *Heraldica Nova: Medieval and Early Modern Heraldry from the Perspective of Cultural History*, 2016 [en ligne : https://heraldica. hypotheses.org/4453].

56. Anne-Marie Turcan-Verkerk, « Enjeux pour l'historien de demain : l'exploitation des sources numériques », in *L'Histoire en mutation : l'École nationale des Chartes aujourd'hui et demain. Actes du colloque international organisé par l'École nationale des chartes et l'Académie des Inscriptions et Belles-Lettres le 13 novembre 2015*, J.-M. Leniaud et M. Zink éd., Paris, Académie des Inscriptions et Belles-Lettres (Actes de colloque), 2016, p. [99]-112, ici p. 102.

en faire l'outil national de référencement des indications de provenance des livres, manuscrits et imprimés[57].

3. La reconstitution des bibliothèques

Le répertoriage conjoint des listes de livres et des marques d'appartenance de manuscrits a pour objectif la reconstitution des bibliothèques médiévales, que leurs livres aient été dispersés ou même qu'ils aient disparu. Cette phase ultérieure du projet passe par l'édition des inventaires, l'identification des manuscrits décrits et l'extension aux manuscrits de même provenance mais non décrits.

ÉDITER LES INVENTAIRES ANCIENS

Divers projets d'édition complète des inventaires ont accompagné, dès leur début, les recensements nationaux que j'évoquais au début de mon exposé. Envisagés dès les dernières années du XIXᵉ siècle pour les pays germaniques, les premiers ouvrages de ce genre ne parurent qu'après de légers délais, à partir de 1915 pour les volumes des *Mittelalterliche Bibliothekskataloge* d'Autriche et de 1918 pour ceux d'Allemagne et de Suisse[58] ; un projet semblable est suggéré en Angleterre par Roger Mynors dès 1931, ou en Belgique où l'initiative en est due à Robert Plancke en 1958 : si le premier volume du *Corpus catalogorum Belgii* paraît en 1966[59], il faudra, en revanche, attendre 1990 pour que le projet de Mynors donne naissance au *Corpus of British Medieval Library Catalogues*, mené à son terme grâce à l'activité de Richard Sharpe[60]. L'Italie n'a inauguré un pareil corpus qu'en

57. La base est consultable à l'adresse suivante : http://bibale.irht.cnrs.fr/. Sur *Bibale*, voir Hanno Wijsman, « The Bibale Database at the IRHT: A Digital Tool for Researching Manuscript Provenance », *Manuscript Studies* 1/2, 2016, p. [328]-341.

58. Voir *supra*, n. 14 et 15.

59. Voir Albert Derolez, « Woord vooraf », in *Id.*, Corpus Catalogorum Belgii. *De middeleeuwse bibliotheekscatalogi der zuidelijke Nederlanden*, t. I : *Provincie West-Vlaanderen*, Bruxelles, Paleis der Akademiën, 1966, p. XI-XII. Le volume a été réimprimé en langue anglaise en 1997 : Corpus Catalogorum Belgii. *The Medieval Booklists of the Southern Low Countries*, vol. I : *Province of West Flanders*, Second enlarged edition, Bruxelles, Paleis der Akademiën, 1997, p. [11].

60. J. B. Trapp, « Prefatory Note », in *Corpus of British Medieval Libraries Catalogues*, t. [I] : *The Friar's Libraries*, K.W. Humphreys éd., Londres, The British Library-The British Academy, 1990, p. VI. L'ensemble occupe vingt volumes ; voir *supra*, p. 29, n. 16.

2009, à travers le projet RICABIM de la SISMEL[61]. Quant à la France, force est de reconnaître que le « Corpus des catalogues de bibliothèques médiévales », souhaité en 1943 par Jeanne Vielliard et Marie-Thérèse Vernet-Boucrel[62], n'a pas encore vu le jour. La publication, en 1987, du répertoire des *BMMF* avait, pourtant, fait espérer « la mise en chantier [prochaine] d'une publication systématique de ces catalogues »[63], qui n'a pas été suivie d'effet.

Pour savoir s'il y a lieu de regretter ce retard, cherchons d'abord à en deviner les raisons. La France est sans doute l'un des pays qui a conservé le plus de documents de ce genre[64]. Mais surtout, il s'agit là d'un corpus qui n'a cessé de s'accroître au fil des découvertes, dès lors que les recherches ont été étendues à tout type de liste. Enfin, l'essor de l'histoire des bibliothèques s'est aussi accompagné d'un accroissement des exigences scientifiques et méthodologiques, rendant caduc le modèle imaginé dans les années 1940 d'une impression presque brute de simples listes de titres : puisqu'il était devenu possible de chercher à identifier non seulement les titres d'œuvres mentionnés dans les catalogues, mais jusqu'à l'exemplaire même, grâce à des recoupements avec la documentation conservée, ce qui n'était au départ qu'une possibilité est devenue, dans bien des cas, une attente.

Mais si l'on manque encore d'un « Corpus » à proprement parler des inventaires anciens français, il n'est pas vrai que le travail d'édition ait été laissé de côté. Sur les 1 938 documents recensés dans les *BMMF*, 750 étaient alors inédits ; ce manque a, depuis, été largement réparé, que ce soit par des collaborateurs de la section ou par d'autres chercheurs. C'est que, fort du travail de dépouillement des générations précédentes et du rassemblement d'une masse documentaire importante sur la provenance des manuscrits médiévaux, on a, à juste titre, privilégié des études monographiques, hors corpus, davantage dédiées à la reconstitution d'ensemble de telle ou telle bibliothèque en particulier, par la mise en relation des items des catalogues avec les témoins manuscrits, qu'ils subsistent ou qu'ils soient attestés ailleurs. Les premières productions dans le domaine ne viendront pourtant pas à proprement parler de la section de codicologie, et ne concerneront pas des bibliothèques françaises. Le développement, au sein de l'IRHT, des travaux

61. Seuls quelques volumes contiennent aussi les éditions des inventaires répertoriés ; ces derniers composent une sous-série intitulée « Texts and Studies ».

62. Et en 1946 par J. Monfrin, *op. cit.* (n. 23).

63. P.-M. Bogaert, *op. cit.* (n. 27), p. 187.

64. Le *Corpus* belge totalise 586 inventaires, celui de l'Angleterre près de 1 200 ; la SISMEL annonce cependant le traitement de 9 000 documents (G. Fiesoli et E. Somigli, *op. cit.* [n. 16], p. XXXV).

sur les provenances et les possesseurs anciens doit, en réalité, beaucoup au projet du catalogue des classiques latins de la Bibliothèque Vaticane : la rédaction progressive des notices descriptives des manuscrits vaticans conduira à la constitution d'un « fichier Pellegrin » d'anciens possesseurs, encore conservé aujourd'hui à la section de codicologie, et jettera les bases des travaux d'Élisabeth Pellegrin et de Jeannine Fohlen sur la bibliothèque des papes de Rome, en particulier sur celle d'Eugène IV[65]. Parallèlement, c'est encore Élisabeth Pellegrin qui, après quelques éditions relatives aux bibliothèques de plusieurs collèges parisiens[66], publiera en 1955 le premier volume de l'Institut relatif à l'histoire des bibliothèques : *La bibliothèque des Visconti et des Sforza, ducs de Milan au XVe siècle*[67].

Ce dernier volume sur les livres des ducs de Milan inaugurera, au sein de la « collection jaune » alors intitulée « Publications de l'Institut de recherche et d'histoire des textes », une sous-collection consacrée à l'« Histoire des bibliothèques médiévales », dirigée par Donatella Nebbiai, qui publiera bientôt son vingt-et-unième numéro[68]. C'est cette collection qui accueillera les travaux, personnels ou collectifs, de plusieurs membres de la section, à commencer par la reconstruction de la bibliothèque de

65. Le volume ne paraîtra qu'en 2008 : *La bibliothèque du pape Eugène IV (1431-1447). Contribution à l'histoire du fonds Vatican latin*, Jeannine Fohlen éd., Città del Vaticano, Biblioteca Apostolica Vaticana (Studi e testi, 452 ; Studi e documenti sulla formazione della Biblioteca Apostolica Vaticana, 6), 2008.

66. En 1950 avaient déjà paru trois articles dus à Élisabeth Pellegrin (tous trois réimprimés dans *Bibliothèques retrouvées. Manuscrits, bibliothèques et bibliophiles du Moyen Âge et de la Renaissance. Recueil d'études publiées de 1938 à 1985*, Paris, Éditions du Centre National de la Recherche Scientifique, 1988) : « La bibliothèque de l'ancien collège de Dormans-Beauvais à Paris », *Bulletin philologique et historique jusqu'à 1715 du Comité des travaux historiques et scientifiques*, 1944-1945 (1947), p. [99]-164 ; « La bibliothèque du collège de Hubant dit de l'*Ave Maria* à Paris », *Bibliothèque de l'École des chartes* 107/1, 1948, p. [68]-74 ; « La bibliothèque du Collège de Fortet au XVe siècle », in *Mélanges dédiés à la mémoire de Félix Grat*, Paris, En dépôt chez Mme Pecqueur-Grat, 1949, t. II, p. [293]-316. Ils sont cités comme « à notre actif » par J. Vielliard, *op. cit.* (n. 19), p. 1055 et n. 4.

67. Élisabeth Pellegrin, *La bibliothèque des Visconti et des Sforza, ducs de Milan au XVe siècle*, Paris, Service des publications du C.N.R.S. (Publications de l'Institut de Recherche et d'Histoire des Textes, V), 1955. Quelque temps après, J. Vielliard, « L'Institut de Recherche », art. cité (n. 5), p. 216, présente elle-même cet ouvrage comme le premier exemple du travail envisagé à la section, qui marque un tournant vers l'histoire des bibliothèques. Le succès de l'ouvrage suscitera, en 1969, l'impression, sous les auspices de la Société internationale de bibliophilie, d'un *Supplément avec 175 planches*, Tammaro de Marinis éd., Florence-Paris, L.S. Olschki-F. de Nobele, 1969.

68. J. Vielliard, *op. cit.* (n. 19), p. 1055-1056, annonçait la préparation de l'édition des catalogues de l'abbaye de Clairvaux, de celle de Saint-Victor de Paris et de celle de Saint-Benoît-sur-Loire.

Clairvaux, puis d'autres abbayes cisterciennes (la Charité, Cheminon, Pontigny, Vauluisant, Clairmarais), de plusieurs bibliothèques d'abbayes bénédictines (Saint-Denis, Saint-Victor de Marseille), etc. [69]. Il faut souligner ici le travail remarquable réalisé par Anne Bondéelle-Souchier sur les bibliothèques cisterciennes, d'hommes, puis de femmes, pour lesquelles on dispose depuis les années 1990, d'un répertoire exhaustif des inventaires de bibliothèques et des livres conservés[70]. Le corpus, plus maniable, des bibliothèques des abbayes prémontrées, a même permis d'accompagner le répertoire d'un volume entier d'édition des inventaires avec identification des attestations parallèles ou des volumes conservés[71]. Un semblable travail pour les chartreuses françaises est resté inachevé[72]. Un autre encore, sur les bibliothèques des frères mineurs du sud de la France, a été engagé il y a plusieurs années par Martin Morard[73].

69. Citons, parmi les productions des membres de la section, les deux volumes parus de *La bibliothèque de l'abbaye de Clairvaux du XIIe au XVIIIe siècle*, sous la direction d'André Vernet, avec la collaboration de Jean-François Genest et Jean-Paul Bouhot : t. I, *Catalogues et répertoires*, 1979 ; t. II : *Les manuscrits conservés*, Première partie : *Manuscrits bibliques, patristiques et théologiques*, 1997 (DÉR, 19/1-2 ; HBM, 2/1-2) ; Donatella Nebbiai-Dalla Guarda, *La bibliothèque de l'abbaye de Saint-Denis en France du IXe au XVIIIe siècle*, 1985 (DÉR, 32 ; HBM, 4) ; Anne-Marie Turcan-Verkerk, *Les manuscrits de la Charité, Cheminon et Montier-en-Argonne. Collections cisterciennes et voies de transmission des textes (IXe-XIXe siècles)*, 2000 (DÉR 59 ; HBM, 10) ; Monique Peyrafort-Huin, *La bibliothèque médiévale de l'abbaye de Pontigny (XIIe-XIXe siècles). Histoire, inventaires anciens, manuscrits*, avec la collab. de Patricia Stirnemann et Jean-Luc Benoit, 2001 (DÉR, 60 ; HBM, 11) ; Anne Chalandon, *Les bibliothèques des ecclésiastiques de Troyes du XIVe au XVIe siècle*, 2001 (DÉR, 68 ; HBM, 14) ; et Donatella Nebbiai-Dalla Guarda, *La bibliothèque de l'abbaye Saint-Victor de Marseille (XIe-XVe siècle)*, 2005 (DÉR, 74 ; HBM, 16). À ces titres il faut encore ajouter le travail, préparé en amont par les recherches d'Anne Bondéelle-Souchier (voir les notes suivantes), de Sarah Staats, *Le catalogue médiéval de l'abbaye cistercienne de Clairmarais et les manuscrits conservés*, avec la collab. de Caroline Heid, Donatella Nebbiai et Patricia Stirnemann, 2016 (DÉR, 87 ; HBM).

70. Anne Bondéelle-Souchier, *Bibliothèques cisterciennes dans la France médiévale. Répertoire des Abbayes d'hommes*, Paris, Éditions du Centre National de la Recherche Scientifique (Documents, Études et Répertoires), 1991 ; *Ead.*, « Les moniales cisterciennes et leurs livres manuscrits dans la France d'Ancien Régime », *Cîteaux. Commentarii Cistercienses* 45/3-4, 1994, p. [193]-337.

71. Anne Bondéelle-Souchier, *Bibliothèques de l'ordre de Prémontré dans la France d'Ancien Régime*, Paris, CNRS Éditions (Documents, Études et Répertoires, 58), 2000-2006 [t. I : *Répertoire des abbayes* ; t. II : *Édition des inventaires*].

72. Voir André Vernet, « Avant-propos », in A. Bondéelle-Souchier, *Bibliothèques cisterciennes, op. cit.* (n. 70), p. [VII]-IX, ici p. IX.

73. Voir notamment Martin Morard, « La bibliothèque évaporée. Livres et manuscrits des dominicains de Toulouse (1215-1840) », in *Entre stabilité et itinérance. Livres et culture des ordres mendiants (XIIIe-XVe siècle)*, Nicole Bériou, Martin Morard et Donatella

Il existe donc des matériaux et des travaux préparatoires, qui n'attendent plus que d'être exploités. On le sait, le travail d'identification et d'indexation qu'elle suppose fait de l'édition d'inventaires un travail de longue haleine : qu'il suffise de rappeler qu'une bonne partie des éditions d'inventaires de dépouilles des prélats français, publiées en 2001 dans les *Bibliothèques ecclésiastiques au temps de la papauté d'Avignon*, existait déjà à la section de codicologie sous la forme de dactylogrammes dès 1967[74]. Bien d'autres ensembles d'inventaires ont été très tôt retranscrits et étudiés au sein de la section, notamment par André Vernet, et dactylographiés par ses collaboratrices, sans que pour autant ces documents de travail donnent lieu à une publication en bonne et due forme. Il serait urgent, aujourd'hui, que tout ce travail déjà réalisé soit mis à la disposition des chercheurs, ne serait-ce que pour le rendre consultable et interrogeable[75]. L'histoire des bibliothèques étant avant tout une *science des liens*, nul doute que la publication, même sous forme provisoire, d'une documentation massive favorisera des points de contact, automatisés ou non, entre plusieurs inventaires d'une même bibliothèque ou plusieurs descriptions d'un même volume, et engendrera de nouveaux travaux et de nouvelles découvertes.

THECAE, *premier corpus d'inventaires numérique*

La situation que je viens de décrire, où l'on voit plus les manques et les lacunes que le reste, est celle d'aujourd'hui, 4 mai 2018. Dès cet été, elle appartiendra déjà au passé. Car la solution aux limites que je viens d'évoquer est, encore une fois, venue du numérique. Dans quelques mois,

Nebbiai éd., Turnhout, Brepols (*Bibliologia. Elementa ad librorum studia pertinentia*, 37), 2014, p. [73]-128, ainsi que les nombreuses notices publiées dans le répertoire des *BMF* depuis 2007 par Martin Morard et Christine Gadrat et dans *Bibale* depuis 2012 par Martin Morard et Bénédicte Giffard.

74. L'ouvrage a paru sous une double signature : *Bibliothèques ecclésiastiques au temps de la papauté d'Avignon*, t. II : *Inventaires de prélats et de clercs français – Édition*, Marie-Henriette Jullien de Pommerol et Jacques Monfrin éd., Paris, CNRS Éditions (DÉR, 61 ; HBM, 12), 2001, à la suite du monumental ouvrage des mêmes auteurs : *La Bibliothèque pontificale à Avignon et à Peñiscola pendant le Grand Schisme d'Occident et sa dispersion. Inventaires et concordances*, 2 vol., Rome, École française de Rome (Collection de l'École française de Rome, 141), 1991. Les premières mentions de ce projet dans les rapports d'activité de la section de codicologie remontent à 1965.

75. Un inventaire et une description sommaire du contenu de ces « Dossiers suspendus » est disponible sur le carnet de recherche de la section : Anne Chalandon, « Inventaire des dossiers suspendus de la Section de Codicologie, histoire des bibliothèques et héraldique de l'IRHT », mis à jour par Hanno Wijsman, in *Libraria. Pour l'histoire des bibliothèques anciennes*, 2017 [en ligne : https://libraria.hypotheses.org/71].

en effet, naîtra, aux Presses Universitaires de Caen, la collection *THECAE* (pour *THEsaurus CAtalogorum Electronicus*), préparée par le projet ANR Biblifram (2009-2013) porté par la section et créée par l'ÉquipEx Biblissima, en collaboration avec le Pôle numérique de la MRSH de Caen et avec la participation de nombreux partenaires, dont l'IRHT[76]. Cette collection se déploie en deux séries complémentaires : *THECAE-Textes*, qui entend offrir une édition électronique des inventaires anciens de bibliothèques, de France comme d'ailleurs, du VIIIe au XVIIIe siècle, et *THECAE*-Instrumenta, destiné à accueillir des répertoires de sources[77].

La création de *THECAE* constitue une triple nouveauté :

– La France disposera enfin de son « Corpus des catalogues de bibliothèques médiévales », aboutissement de décennies de recherches à l'IRHT ; ce corpus d'édition fonctionnera en lien avec le répertoire *BMF*, qui a, quant à lui, vocation à rejoindre la série *THECAE*-Instrumenta ;

– Il s'agit, dans l'absolu, du premier corpus électronique d'inventaires anciens ; et l'on peut dire, à ce propos, que le retard marqué dans la réalisation du projet est pour nous une véritable chance : le format numérique s'impose pour un pareil type de projet ; il permet la mise à disposition d'un large public, aux attentes diverses, d'une masse impressionnante de documentation, mais d'une documentation dont la lecture et la compréhension s'appuient sur un travail scientifique ; surtout, il est la solution rêvée au principe de la « science ouverte », jamais définitive, en ce qu'il permet la constitution d'un corpus *in progress*, évolutif, et collaboratif. À cet égard, il ne fait que reproduire, en quelque sorte, d'une manière bien plus commode et productive, la configuration de nos anciens classeurs remplis de fiches mobiles, créés précisément pour être alimentés en continu. La publication des corpus est en effet soumise à un processus de « labellisation », permettant de mettre en ligne des éditions « de travail », appelées à être complétées : trois labels ont été définis, selon que l'édition produite est une simple transcription scientifique d'un ensemble de sources (label 1), qu'elle est accompagnée d'une indexation des noms d'auteurs, des titres d'œuvres,

76. La collection « *THECAE*. Corpus d'inventaires anciens de livres manuscrits et imprimés » est publiée par les Presses universitaires de Caen et le Pôle Document numérique de la Maison de la Recherche en Sciences humaines de Caen [en ligne : https://www.unicaen.fr/puc/editions/thecae/accueil].

77. Les principes généraux de la collection sont exposés dans une très claire page de présentation [en ligne : https://www.unicaen.fr/puc/editions/thecae/presentation] ; voir aussi l'exposé de Pierre-Yves Buard, « Biblissima pour l'édition scientifique », 2018 [téléchargeable en ligne : https://projet.biblissima.fr/sites/default/files/buard_biblissima_iiif_edition_scientifique_20180315.pdf].

des volumes décrits (label 2) ou qu'elle est dotée d'un appareil critique complet et d'une indexation exhaustive (label 3) ; la collection accueille même dans un « Laboratoire de textes », parallèle au corpus, des « éditions de travail » en cours d'élaboration. L'un des intérêts majeurs de cet outil est de permettre une indexation normalisée de l'ensemble des textes édités et la mise en relation des inventaires d'une même collection ou de collections liées les unes aux autres, et donc de favoriser des recherches transversales. Toutes les éditions peuvent être vérifiées grâce aux liens donnant accès à la numérisation des documents originaux.

– Enfin, cette publication marque une étape importante dans l'application des humanités numériques à nos domaines d'étude : cette édition électronique en XML-TEI repose sur un environnement spécifiquement conçu pour la transcription de sources écrites médiévales et modernes et à l'édition d'inventaires, qui est le fruit d'une étroite collaboration entre informaticiens et spécialistes d'histoire des bibliothèques, pour répondre pleinement aux exigences des uns et des autres et offrir à l'utilisateur un outil convivial et facile d'utilisation.

En 1989, rendant compte de la publication des *BMMF*, Dom Pierre-Maurice Bogaert souhaitait le lancement prochain d'« une nouvelle *Bibliotheca Bibliothecarum* »[78]. L'idée – et le nom – étaient déjà là. Car *THECAE* est bien destiné à devenir cette *Bibliotheca bibliothecarum manuscriptorum novissima* voulue par l'ÉquipEx du même nom. Clin d'œil ou non, c'est d'ailleurs la *Bibliotheca bibliothecarum* de Montfaucon (avec ses quelque deux-cent-trente catalogues, retranscrits et analysés au sein de la section pendant ces trois dernières années) qui constituera l'un des premiers corpus publiés[79], avec la *Bibliotheca Belgica* d'Antoon Sanders[80] et les catalogues de la bibliothèque de Mazarin[81]. Ce nouvel outil ne fait pas que faciliter le passage d'un inventaire à un autre ; il permet aussi à

---

78. P.-M. Bogaert, *op. cit.* (n. 27), p. 187.

79. *Inventaires mauristes*, Jérémy Delmulle dir., 2018 [en ligne : https://www.unicaen.fr/puc/editions/maur/accueil]. La première livraison procure l'édition critique de la *Bibliotheca bibliothecarum manuscriptorum nova* et une analyse de chacun des inventaires édités. Une seconde livraison, prévue à l'horizon 2020, complétera ce premier ensemble par la mise en ligne de l'édition des inventaires manuscrits ayant servi de sources au projet de Montfaucon et qui ont souvent l'avantage d'être plus complets ou moins équivoques que la *Bibliotheca* imprimée.

80. *Sanderus electronicus*, Lucien Reynhout et Emmanuelle Kuhry éd., 2018 [en ligne : https://www.unicaen.fr/puc/editions/sanderus/accueil].

81. *Inventaire après-décès de la bibliothèque du cardinal Mazarin*, Yann Sordet et Patrick Latour dir., 2018 [en ligne : https://www.unicaen.fr/puc/editions/mazarin/accueil].

l'utilisateur d'accéder d'un clic aux reproductions numériques du document édité, de sa source ou des manuscrits décrits.

Je signale aussi l'édition électronique, actuellement en préparation, du *Voyage littéraire* de Dom Martène et Durand, qui sera accompagnée d'une projection cartographique interactive de leur itinéraire, destinée à devenir un portail d'accès vers les bibliothèques des abbayes bénédictines de France à l'époque moderne[82]. On imagine bien appliquer ensuite le même principe à d'autres voyages littéraires, comme ceux de Mabillon, d'Estiennot et de Montfaucon.

POUR UNE RECONSTITUTION VIRTUELLE DES BIBLIOTHÈQUES ANCIENNES

Mais il nous faut voir plus loin encore, et chercher à utiliser pleinement les ressources que nous offre aujourd'hui le numérique.

Le véritable tournant de ces dernières années, pour ce qui regarde l'étude des manuscrits, est, on l'a dit, la multiplication des numérisations des fonds anciens par les institutions de conservation, qui nous donne aujourd'hui un accès direct à des milliers de manuscrits, depuis chez nous ou depuis une autre bibliothèque, et à des reproductions d'une qualité telle que l'on peut observer un manuscrit dans ses moindres détails, comme jamais auparavant, le comparer avec plusieurs autres, et lui faire subir toutes sortes de manipulations sans aucun risque pour le volume : une situation rêvée pour le codicologue, toujours désireux de lire les inscriptions effacées, de découper et de rassembler toutes les marques de lecture ou de démonter des cahiers pour leur redonner leur ordre primitif…

On a désormais le loisir de reconstituer des volumes que l'histoire a démembrés et dispersés. Les *membra disiecta* des manuscrits de Fleury, Lyon ou Saint-Germain-des-Prés, répartis dans des bibliothèques de toute l'Europe et au-delà, peuvent donc retrouver leur unité originelle et être étudiés sous un angle neuf[83].

---

82. Le projet « Pour un portail de l'érudition mauriste : le *Voyage littéraire* de Martène et Durand », dirigé par Daniel-Odon Hurel, François Bougard et moi-même, est le fruit d'une collaboration entre l'IRHT et le Laboratoire d'Études sur les Monothéismes (UMR 8584) ; il est également en partie subventionné par le LabEx Hastec.

83. Pour un aperçu des possibilités offertes dans ce cadre par le visualiseur Mirador (http://projectmirador.org/), voir la section réservée sur le site www.e-codices.unifr.ch aux « *Codices restituti* », comme par exemple le fameux *Codex Firmaconensis* (ms. Paris, BnF, lat. 11641 + Sankt Peterburg, RNB, Lat. F. papyr. I. 1 + Genève, Bibliothèque de Genève, lat. 16) [en ligne : https://www.e-codices.unifr.ch/fr/searchresult/list/one/sl/0001]. On compte, parmi les réalisations relatives aux projets de la section, la reconstitution de l'état originel de la *Bibliotheca bibliothecarum manuscriptorum nova* de Montfaucon (avant 1713),

Mais ce qui est vrai des manuscrits l'est tout autant des bibliothèques. Plusieurs des projets partenariaux financés par Biblissima ont permis la confection de telles « bibliothèques virtuelles » (pour Clairvaux, pour Saint-Bertin, pour le Mont Saint-Michel[84]). Depuis deux ans, la section de codicologie s'est lancée dans la reconstitution de la bibliothèque de l'abbaye bénédictine de Saint-Martin de Sées, dans l'Orne[85]. J'ai plaisir à terminer mon exposé par cet exemple, car il illustre parfaitement la continuité et la complémentarité des travaux collectifs menés par la section ou le laboratoire. Le contenu de cette bibliothèque ne nous est connu que par des inventaires mauristes, étudiés récemment dans le cadre du « projet Montfaucon » ; plus de la moitié des manuscrits conservés sont aujourd'hui en main privée et avaient à ce titre fait l'objet de recherches de Guy Lanoë dans les années 1990[86] ; le fonds intéresse également les spécialistes de la reliure, car l'ensemble des manuscrits en a conservé une du début du XVIe siècle[87] ; enfin, c'est un fonds médiéval qui a jusqu'à ce jour échappé à tout catalogage : grâce à un projet partenarial Biblissima, l'intégralité du fonds est en cours de numérisation et une équipe pourra prochainement

par Jérémy Delmulle et Régis Robineau [en ligne : https://demos.biblissima.fr/bbmn-1713/mirador].

84. Sont d'ores et déjà publiés les sites *Bibliothèque virtuelle de Clairvaux* [https://www.bibliotheque-virtuelle-clairvaux.com] et *Bibliothèque virtuelle du Mont Saint-Michel* (*BVMSM*) [http://www.unicaen.fr/bvmsm/pages/index.html], ainsi que *Saint-Bertin, centre culturel du VIIe au XVIIIe siècle. Constitution, conservation, diffusion, utilisation du savoir* [en ligne : http://saint-bertin.irht.cnrs.fr]. Ces trois projets ont également été valorisés par l'organisation d'écoles d'été Biblissima : à Troyes (Médiathèque du Grand Troyes, 26-30 août 2014), à Saint-Omer (Bibliothèque d'agglomération de Saint-Omer, 25-29 août 2015), à Avranches (Bibliothèque patrimoniale, 29 août-2 septembre 2016).

85. Ce projet associe l'IRHT, la Médiathèque d'Alençon, les Archives diocésaines de Sées et les Archives départementales de l'Orne ; il a été lauréat du cinquième appel à manifestation d'intérêt de Biblissima en 2017. Voir Jérémy Delmulle et Frédéric Duplessis, « La bibliothèque de Saint-Martin de Sées (XIe-XVIIIe siècles). Reconstitution et description : présentation du projet », *Gazette du livre médiéval* 63, 2017 (2018), p. [82]-83. Le projet a d'ores et déjà été l'occasion, en décembre 2017, de la remise à l'évêché de Sées d'un manuscrit de sa collection, égaré depuis plus d'un demi-siècle. Les avancées du projet sont régulièrement publiées sur un carnet de recherche : *Libri Sagienses. Recherches sur l'ancienne bibliothèque de l'abbaye de Saint-Martin de Sées (XIe-XVIIIe siècle)* [en ligne : https://libsag.hypotheses.org/author/libsag].

86. Au sujet des bibliothèques privées, voir Guy Lanoë, « "Ce sont amis que vent emporte…". Quelques réflexions autour des collections privées, des collectionneurs, du marché du manuscrit », *Gazette du livre médiéval* 32, 1998, p. 29-39.

87. Voir Guy Lanoë, « L'apport de l'analyse des reliures (1470-1530) à l'histoire des bibliothèques », in *Le berceau du livre imprimé. Autour des incunables*, Pierre Aquilon et Thierry Claerr éd., Turnhout, Brepols (Études renaissantes, 5), 2010, p. 199-210, ici p. 200-201.

commencer à examiner et décrire les manuscrits, dont plusieurs contiennent des textes inédits à ce jour.

Conclusions

Quel bilan dresser – s'il faut en dresser un – de ces trois quarts de siècle de recherche ? Si l'on s'en tient au cahier des charges de 1943, il faut bien admettre qu'il n'a pas été respecté. Mais c'est parce que l'on a fait bien plus, et que les ambitions ont été redéfinies (et à la hausse !). Il n'est pas interdit de croire que si l'histoire des bibliothèques françaises est aujourd'hui si différente de ce qu'elle était il y a quatre-vingts ans, les travaux de la section de codicologie n'y sont pas étrangers.

Si j'ai choisi de placer ces travaux sous le patronage des mauristes, c'était pour mettre en lumière un chantier particulièrement fécond de ces dernières années, mais c'est aussi pour souligner une certaine filiation entre les érudits des XVIIᵉ-XVIIIᵉ siècles et les chercheurs d'aujourd'hui[88] : dans la recherche patiente et méthodique des sources, dans leur étude minutieuse et dans la mise en place de nouveaux outils capables de favoriser des découvertes. On l'a vu, l'IRHT et la codicologie ont toujours su tirer profit de la nouveauté – la photographie, plus tard les outils computationnels. Depuis une dizaine d'années, l'essor du web sémantique nous fait vivre ce que vous me permettrez d'appeler un « *codicological turn* », qui est une occasion inouïe qu'il nous faut saisir[89]. Sous la responsabilité d'Anne-Marie Turcan-Verkerk, et avec le développement de Biblissima, qui y est pour ainsi dire né, la section a relevé l'un de ses principaux défis, en banalisant l'utilisation de nouveaux outils pleins de potentialités heuristiques.

Souhaitons donc, au moment où naît le *Corpus* voulu par les pionniers, que ce dernier ait les moyens d'être alimenté durablement et que la section puisse continuer à apporter à la « nouvelle histoire des bibliothèques » en train de s'écrire toute l'expérience, l'érudition et la rigueur qui sont pour ses travaux comme une marque de provenance...

Jérémy DELMULLE

88. L. Holtz, « Les premières années », *op. cit.* (n. 2), p. 7-9, avait déjà rappelé le lien qui pouvait unir l'IRHT à cette tradition bénédictine, par l'intermédiaire de Dom Henri Quentin, moine de Solesmes, qui avait encouragé dans les années 1920 l'initiative du jeune Félix Grat.

89. À titre de comparaison, voir, au sujet de l'histoire contemporaine, les remarques de Philippe Rygiel, *Historien à l'âge numérique. Essai*, Villeurbanne, Presses de l'ENSSIB (Papiers), 2017.

LA FABRIQUE DE LA CHARIA EN ISLAM :
ACTES NOTARIÉS ET ÉPISTÉMOLOGIE JURIDIQUE
À L'ÉPREUVE DE L'HISTOIRE

La charia, *al-šarī'a* en arabe, terme généralement traduit par « Loi islamique », a longtemps été le domaine privilégié des savants, des historiens et des islamologues, spécialistes de l'islam. Pourtant, l'expression s'est récemment introduite dans le débat public et elle fait l'objet de toutes sortes de manipulations idéologiques. Dans le contexte de l'actualité, sur le plan identitaire et politique, la charia est souvent considérée comme un fondement de l'islam en tant que religion mais aussi en tant que système politique. Pour certains, elle est conçue comme un système de pensée immuable qui n'a pas évolué depuis l'époque du Prophète Muḥammad (mort en 632), c'est-à-dire depuis la première moitié du VIIe siècle de l'ère commune.

Ce sujet ne devrait pas être présenté de manière aussi simpliste car la Loi islamique désigne en réalité un processus d'interprétations et de constructions intellectuelles mené par les penseurs musulmans durant des siècles. Disons en un mot que la charia est une « fabrique », processus qui a duré plusieurs siècles. Ce même processus a repris à partir de la fin du XIXe siècle, une fois confronté à la modernité et à la domination économique et militaire de l'Occident. C'est dans un tel contexte géopolitique, semble-t-il, que la charia est devenue un rempart identitaire contre l'Occident. Elle est même devenue, plus récemment, un champ de bataille aussi bien politique que juridique. Ce phénomène doit être replacé dans le contexte des événements dramatiques qui ont suivi ce que certains appellent « Le printemps arabe », et dans celui de la création du groupe transnational qui a proclamé un État dit « islamique » au sein duquel la charia, nous dit-on, est appliquée.

La question est de comprendre si le terme arabe *al-šarī'a* a désigné la « Loi divine imposée aux musulmans » depuis les débuts de l'islam, c'est-à-dire depuis la première moitié du VIIe siècle lorsque le Prophète Muḥammad a instauré la première communauté islamique à Médine ; ou bien si cette signification a émergé parallèlement au processus historique long et complexe d'une Loi sacrée inscrite dans les règles explicitement ou implicitement mentionnées dans le Coran et dans la Tradition prophétique, *ḥadīṯ* en arabe.

Il s'agit donc ici d'analyser la complexité de la notion de charia en retraçant l'histoire de la normativité islamique sacrée afin de démontrer les changements de signification du mot « charia ». Dans un premier temps, je donnerai quelques indices prouvant qu'au VIIe siècle, cette notion ne désignait pas des « règles de la Loi Divine » que le prophète Muḥammad aurait appliquées et qui auraient été contraignantes pour les musulmans. Je traiterai ensuite de l'évolution de la notion sur la base de sources datées, en l'occurrence les œuvres juridiques et, parallèlement, les actes notariés.

Cette « archéologie du savoir » pour reprendre la formulation de Michel Foucault, consiste dans une analyse textuelle minutieuse, selon un ordre chronologiquement croissant, des auteurs de périodes différentes qui se sont penchés sur la charia. Leurs œuvres représentent les vestiges d'une pensée qui s'est inscrite dans les épistèmes de la période de leur rédaction ; elles sont comme les couches sédimentaires d'une pensée qui a évolué pendant plus de mille ans. Sur un plan méthodologique, l'analyse de textes et de leur histoire figure parmi les méthodes pratiquées à l'IRHT, l'Institut de Recherche et d'Histoire de Textes dont nous avons célébré les quatre-vingts ans d'existence.

Parmi les indices d'un changement du sens du mot charia figure tout d'abord le Coran, texte fondateur de l'islam transmis par le Prophète Muḥammad aux croyants de l'an 610 jusqu'en 632, année de sa mort, et collecté peu de temps après, autour de l'année 650 si l'on en croit les sources anciennes[1].

Dans le texte coranique, on trouve une seule fois le mot « charia » sans l'article « al » (*šarīʿaᵗᵘⁿ*), dans la sourate 45 verset 18, où Dieu dit à son Messager : « Ensuite, Nous t'avons placé sur une voie [*procédant*] de l'Ordre. Suis-la donc et ne suis point les doctrines pernicieuses de ceux qui ne savent pas ! »[2]. Charia est donc dans ce contexte coranique « une voie » que Dieu a montrée ou rendue accessible à son messager (*ǧaʿalnāka ʿalā šarīʿatin min al-amr*). Il existe d'autres traductions et interprétations de ce

---

1. Collection du squelette consonantique (*rasm*, « trace ») du texte non-vocalisé sous le règne du troisième calife ʿUṯmān (reg. 644-656), puis avec une vocalisation finale à l'initiative du calife ʿAbd al-Malik (reg. 685-705), laquelle aurait donné lieu à des variantes de « lectures » (*qirāʾāt*).

2. Traduction Blachère : (1 : 371 f.), sourate XLV : 17/18. Sauf indication contraire, toutes les traductions du Coran sont de Blachère.

verset[3], mais tous s'accordent sur le fait que Dieu s'adresse au Prophète et non pas directement aux musulmans. Les plus anciens commentaires qui nous soient parvenus et qui sont proches de la période du Prophète expliquent le mot charia comme une « direction [du bon chemin] » (*hudā*), une « explicitation » (*bayyina*)[4], une « religion » (*dīn*)[5] ou plus globalement : « chemin, bonne pratique, méthode »[6].

Le mot charia est absent des premiers récits concernant la vie du Prophète Muḥammad. C'est un second indice. La tradition prophétique (hadith, *ḥadīṯ*) ou encore la biographie du Prophète (*sīra*) ne mentionne pas le fait que Muḥammad aurait déclaré avoir appliqué ou avoir eu l'intention d'appliquer « la charia ». Il y a encore quelques années, et étant donné la quantité de *ḥadīṯ* réunis dans des recueils dont l'autorité est reconnue par les savants musulmans, l'affirmation selon laquelle le mot charia n'y avait pas été utilisé était difficile à concevoir. Cependant, une telle recherche s'avère facile à réaliser aujourd'hui grâce aux bases de données et à quantité de textes disponibles en ligne. Il est en effet possible de chercher le terme « šarīʿa » ou ses dérivés dans les sources électroniques disponibles. Or « charia » au singulier n'apparaît dans aucun des milliers de récits concernant le Prophète de l'Islam qui nous sont parvenus par le biais des collections anciennes[7]. L'usage du terme au pluriel, notamment dans l'expression « charias de l'islam » (*šarāʾiʿ al-islām*), se trouve dans deux récits prophétiques avec le sens de « règlements à suivre ». L'un fait partie de la question à laquelle le

3. Selon la traduction de M. Hamidullah, sourate 45 : 18/17 : « Puis, au sujet du Commandement, Nous t'avons mis sur **un grand chemin** [charia, ajout C. M]. Suis-le donc, et ne suis pas les passions de ceux qui ne savent pas. »

4. Explication du compagnon Ibn ʿAbbās (m. 687/8) pour le mot *šarīʿa* : « *hudā min al-amr wa-bayyina* », cité dans Ṭabarī (m. 923), Tafsīr, 11 : 258 (n° 31193). Muqātil b. Sulaymān (m. 767) donne la paraphrase avec une explication « *bayyina min al-amr yaʿnī al-islām* », *idem*, Tafsīr, éd. ʿAbd Allāh Maḥmūd Šihāta, Beyrouth, vol. 3, p. 838.

5. « Ibn Zayd », ʿAbd al-Raḥmān b. Zayd b. Aslam (m. 798), cité dans Ṭabarī, *ibid*. 11 : 259 (n° 31195). Cf. Ch. Müller, « Islamische Jurisprudenz als Gottesrecht : Die schariatische Wende des 12. Jahrhunderts », *in* Ch. E. Lange, W. P. Müller et Ch. K. Neumann éd., *Islamische und westliche Jurisprudenz des Mittelalters im Vergleich*, Tübingen, Mohr Siebeck, 2018, p. 57-83, pour plus de détails.

6. « *Ṭarīqa wa-sunna wa-minhāǧ* », cité dans Ṭabarī (m. 923), *Tafsīr*, 11 : 258.

7. Le mot charia (*šarīʿa*) au singulier, avec ou sans article, ne figure pas dans les récits prophétiques des six collections « canoniques » de Buḫārī (m. 869), Muslim (m. 875), Ibn Māǧa (m. 886), Abū Dāwūd (m. 888), Tirmiḏī (m. 892) et Nasāʾī (m. 915), ni dans les collections antérieures, notamment celles de Mālik (m. 795), de ʿAbd al-Razzāq (m. 826), d'Ibn Abī Šayba (m. 849) et d'Ibn Ḥanbal (m. 855).

Prophète répond de ne pas oublier d'invoquer Dieu[8], l'autre apparaît dans la réponse du Prophète qui résume l'obligation établie par Dieu concernant l'aumône (*zakāt*) « selon les règlements de la soumission » (*šarā'i' al-islām*), au côté de l'obligation de prier cinq fois par jour et de jeûner le mois de ramadan[9].

Une autre recherche du terme dans le corpus ancien des règles juridiques est tout aussi infructueuse : il n'est fait aucune mention du mot charia ni de ses dérivés. Les ouvrages de *fiqh*, rédigés et compilés à partir de la deuxième moitié du VIIIᵉ siècle et au cours du IXᵉ siècle rassemblent essentiellement les avis des fondateurs des quatre écoles juridiques sunnites qui nous sont parvenus : ceux des hanéfites, des malékites, des chafiites et des hanbalites[10]. Il y a, cependant, une exception notable : les écrits théoriques du juriste al-Šāfiʿī (m. 820), éponyme de l'une des quatre écoles sus-mentionnées. Al-Šāfiʿī mentionne en effet le mot charia dans deux de ses ouvrages[11]. Ces mentions sont rares mais bien présentes. Dans ce contexte, le mot charia revêt un sens particulier, non utilisé par les auteurs qui vont lui succéder, à savoir un « champ de règlements basé sur une obligation coranique », notamment la prière quotidienne ou le jeûne du mois de ramadan[12]. Šāfiʿī est ainsi le premier juriste musulman connu à lier la normativité divine avec la pensée juridique dans un sens formalisé.

---

8. Cf. Ibn Māǧa, *Sunan*, Abū Dāwūd, *Sunan*, Tirmiḏī, *Ǧāmiʿ al-ṣaḥīḥ* et Ibn Ḥanbal, *Musnad* ; cf. Wensinck, *Concordance et indices de la tradition musulmane*, 8 vol., 2ᵉ édition Leyde, 1992, entrée < š-r-ʿ >.

9. Cf. Buḫārī, *Ṣaḥīḥ*, et Nasāʾī, *al-Muǧtabā*. La phrase précisant que « Dieu dirigeait son/votre prophète » (*fa-inna Allāh šaraʿa li-nabīkum sunan al-hudā*) correspond parfaitement à la signification susmentionnée dans Coran 45 verset 18. Elle ne se réfère pas à une action menée par le Prophète lui-même. Cf. Muslim, *Ṣaḥīḥ*, Abū Dāwūd, Nasāʾī et Ibn Māǧa. Cf. Wensinck, *op. cit.* (n.8) Cela dit, l'usage de mots dérivés de la racine š – r - ʿ, donc liés à la charia, dans le métadiscours des collections de hadith (canoniques et post canoniques), mériterait une étude approfondie.

10. Il s'agit notamment du *Kitāb al-Aṣl* d'al-Šaybānī, des *dicta* de Mālik b. Anas collectionnés dans Saḥnūn, *al-Mudawwana al-kubrā*, et des « réponses » d'Aḥmad b. Ḥanbal dans *al-Masāʾil*.

11. Cf. « le livre de la somme du savoir » (*Kitāb Ǧimāʿ al-ʿilm*), éd. A. Šākir, Le Caire, 1940, et « le livre mère » (*Kitāb al-Umm*), éd. Rifʿat F. ʿAbd al-Muṭṭalib en 11 vol., al-Manṣūra, Dār al-wafāʾ, 2008 : contenant les textes dʿal-Šāfiʿī selon des manuscrits tardifs, mais aussi le *Kitāb Ǧimāʿ al-ʿilm*, vol. 9, p. 5-51.

12. Šāfiʿī, *Ǧimāʿ al-ʿilm, op. cit.* (n. 11). Dans la *Risāla*, éd. A. Šākir, Le Caire, 1940, al-Šāfiʿī cite le verset coranique, et dans le *Kitāb al-Umm*, « une charia » est également mentionnée sept fois au total comme étant un « champ de règlements basé sur une obligation coranique » lequel ne peut pas être transposé sur une autre charia. Cf. *infra*.

S'il est quasiment absent des sources juridiques des premiers siècles de l'Islam, le mot charia (*šarī'a*), la Loi révélée (*šar'*) et l'adjectif « chariatique » (*šar'ī*) qui en dérive font leur apparition de façon systématique dans la théorie juridique des xᵉ et xiᵉ siècles, notamment avec l'herméneutique des « bases de la compréhension » (*uṣūl al-fiqh*)[13]. À cette époque, le mot « charia » est encore très peu utilisé, et un « règlement de la charia » (*ḥukm al-šarī'a*) désigne exclusivement un énoncé coranique mis en lien avec la tradition prophétique et qui exprime sans ambiguïté une règle. Dans son ouvrage intitulé « les statuts du Coran » (*aḥkām al-Qur'ān*), le savant al-Ǧaṣṣāṣ (m. 970) utilise une seule fois le terme « règlement de la charia », dans le contexte du début du mois Ramadan, lequel est indiqué par la perception oculaire du nouveau crépuscule. Il est dit dans le Coran, sourate 2, verset 185 : « Quiconque verra de ses yeux la nouvelle lune, qu'il jeûne ce mois ! », ce qui exclut selon l'auteur tout calcul astronomique[14]. On peut ainsi constater qu'aux xᵉ et xiᵉ siècles, les règles du droit islamique qui sont transmises au sein des écoles juridiques ne font pas partie du corpus de la « charia ». Celle-ci se limite aux seules règles de la Loi révélée. Cette différence ontologique entre la charia et le droit des juristes de cette époque se manifeste par le biais de l'interprétation littéraliste « ẓāhiriste » par un juriste musulman du xiᵉ siècle auquel on accorde beaucoup d'importance aujourd'hui, Ibn Ḥazm (m. 1064). À son époque, et alors qu'il rejette toute analogie pour formuler une règle de droit, lui seul utilise couramment le mot « charia » pour désigner le corpus du droit sacré.[15]

Ainsi, aux xᵉ et xiᵉ siècles, le mot « charia » ne désigne pas les règles du droit positif, et les actes notariés de cette époque n'y font pas référence, pas plus d'ailleurs que la littérature juridique entre le viiiᵉ et le xiᵉ siècle. La situation change radicalement au tournant des xiiᵉ et xiiiᵉ siècles. D'une part, les références à la charia et aux termes dérivés de la racine < š-r-' > se multiplient dans la littérature juridique, d'autre part, le qualificatif

---

13. Ch. Müller, art. cité (n. 5), ici p. 62-68.

14. Avant d'arriver à sa conclusion, l'auteur cite cette partie du verset 185 (*fa-man šahida minkum al-šahr fal-yaṣumhu*) avec une autre citation partielle du verset 188 concernant les lunes nouvelles : « [des croyants] t'interrogent sur les lunes nouvelles. Réponds[-leur] : "[ce sont] des repères, dans le temps, pour les hommes et le pèlerinage" » (*yas'alūnaka 'an al-ahillati qul hiya mawāqītu lil-nāsi wal-ḥaǧǧi*) ; al-Ǧaṣṣāṣ, *Aḥkām al-qur'ān*, Beyrouth, Dār iḥyā' al-turāṯ al-'arabī, 1405 AH, vol. 1, p. 250. C'est la seule référence explicite à un « règlement de la charia » par cet auteur qui utilise par ailleurs les termes *šar'* et *'ilal šar'iyya*, cf. Ch. Müller, art. cité (n. 5), p. 66-67.

15. Cf. Ch. Müller, art. cité (n. 5), p. 70-71, avec références à Ibn Ḥazm, *al-Iḥkām fī uṣūl al-aḥkām*. Concernant sa pensée juridique, cf. Robert Gleave, *Islam and Literalism. Literal Meaning and Interpretation in Islamic Legal Theory*, Édimbourg, 2012, ici p. 150-174.

« chariatique » apparaît dans les actes notariés dans le but d'affirmer la validité légale de certaines actions judiciaires et transactions juridiques, notamment dans le cadre d'une vente. Avant le XIIe siècle en effet, la validité légale d'un acte de vente était signifiée par l'utilisation de l'expression : « vente valide ». Mais cette phraséologie change par la suite pour devenir : « vente chariatiquement valide ». On observe ce type de changement dans la quasi-totalité des actes notariés en terre d'Islam à partir du XIIIe siècle. Cette observation est aujourd'hui possible grâce aux résultats du projet européen « Islamic Law Materialized (ILM) » portant sur les actes notariés en terre d'Islam entre le VIIe et le XVIe siècle[16]. Ce projet qui a permis de réaliser une base de données intitulée CALD (Comparing Arabic legal documents) rend possible la comparaison de textes et de structures d'un grand nombre de documents. Le classement, selon un ordre chronologique croissant de la date de l'hégire, de l'élément textuel concernant la validité juridique dans une liste d'actes notariés du XIe au XIIIe siècle, fait très nettement apparaître ce changement. Une vente notariée au XIe siècle est affirmée comme « valide » (ṣaḥīḥan)[17], et à partir du XIIIe siècle, cette validité dans des documents de même type est indiquée par l'expression ṣaḥīḥan šar'iyyan, donc « chariatiquement valide »[18]. La formulation antérieure disparaît totalement. Ce constat terminologique dans les actes notariés m'a amené à entamer des recherches sur l'évolution de la notion de charia dans la pensée juridique. La base de données CALD, dans sa forme finale, est aujourd'hui un outil unique et incontournable pour comprendre l'historicité du droit musulman tel qu'il a été pratiqué. Jusqu'alors accessible à un nombre restreint de chercheurs et collaborateurs, elle sera mise en ligne prochainement avec l'intégralité des documents édités et donc accessible à des chercheurs de tous horizons. Ils feront ainsi eux-mêmes le constat qu'après le XIIIe siècle, les mots « charia » et l'adjectif « chariatique » deviennent omniprésents aussi bien dans la littérature juridique que dans les actes notariés, alors qu'ils étaient rares ou

---

16. ERC-AdG no. 230261-ILM (2009-13), dirigé par Christian Müller.

17. Cf. notamment CaiN_122 (429AH), CaiNt_1797 (438AH), CaiN_149/1 (441AH), etc. Les sigles pour désigner les actes suivent la convention établie dans CALD : les trois premiers caractères pour la ville où le document est archivé (en occurrence Cai pour Le Caire), le quatrième caractère désigne l'institution (N pour une « archive nationale »), suivi du numéro d'inventaire. Cf. C. Müller, « The Power of the Pen: Cadis and Their Archives. From Writings to Registering Proof of a Previous Action Taken », *in* A. Bausi *et al.* éd., *Manuscripts and Archives. Comparative Views on Record-Keeping*, Berlin, De Gruyter, 2018, p. 361-385, ici p. 382.

18. Validation « ṣaḥīḥan šar'iyyan » à partir des actes provenant d'Ardabil au XIIIe siècle ArdS_11a (600AH), ArdS_15/1 (620AH) et du monastère Sainte-Catherine au mont Sinaï, Sin_239/1 (622 AH).

absents avant cette date. Finalement, c'est *pars pro toto* que le droit des juristes est désigné dans sa totalité comme « la charia purifiée » (*al-šarī'a al-muṭahhara*)[19], ou simplement « la charia », afin de distinguer le corpus élaboré par des juristes musulmans des lois édictées par des gouvernants, notamment le *kânûn* des sultans ottomans.

Une première conclusion s'impose à ce stade : des sources diverses, provenant d'époques différentes, attestent d'un usage évolutif du mot « charia ». Mais annoncer la « fabrique de la charia » dans l'intitulé de cet article suppose d'aller au-delà de la simple constatation des divers usages du mot. Cela implique en effet de déconstruire les étapes historiques par lesquelles les penseurs musulmans sont passés afin d'élaborer la notion d'un droit sacré qui englobe la Loi révélée. Comment s'effectue le passage de la notion de « charia » dans le sens coranique d'une « voie » sur laquelle Dieu aurait placé son messager et que ce dernier devait suivre, vers un système de règles juridiques, lui-même appelé « charia » ?

Si les traductions « voie, chemin » du mot charia dans le Coran reflètent les significations données par les premières générations de musulmans[20], le mot charia se réfère, un siècle plus tard, à la Loi éternelle de Dieu. Les auteurs du VIIIe siècle mentionnent le mot charia et les dérivés de cette racine < š r ' > conjointement avec le mot « *dīn* » que l'on trouve dans l'expression du Jugement Dernier (*yawm al-dīn*), et qui plus est, généralement associé avec la religion[21]. Revenons à al-Šāfi'ī (m. 820), l'éponyme de l'école juridique qui porte son nom. Al-Šāfi'ī, on l'a dit, est le premier penseur musulman connu à avoir utilisé le mot « charia » dans un contexte purement juridique. Pour lui, « charia » au singulier et sans article représente un champ d'obligation coranique, notamment la prière, le jeûne et le pèlerinage. Chacune de ces charias (au pluriel) est séparée des autres selon les explicitations de Dieu

19. Pour l'application de la charia purifiée par les juges, cf. notamment Ibn Abī l-Dam (m. 1244), *Kitāb adab al-qaḍā'*, éd. M. al-Zuḥaylī, Damas, 2e éd., 1982, p. 468, 577 ; et Asyūṭī (m. 1460-1), *Ǧawāhir al-'uqūd*, éd. Mus'ad al-Sa'danī, Beyrouth 1996, ici vol. 2, p. 432.

20. Voir *supra*, note 5.

21. Il s'agit notamment du courtisan et secrétaire Ibn Muqaffa' (m.767) et sa *Risālat al-ṣaḥāba*, éditée par Charles Pellat, *Ibn al-Muqaffa' mort vers 140/757 « Conseiller » du Calife*, Paris, Maisonneuve et Larose, 1976, du commentaire du Coran par Muqātil b. Sulaymān (m. env. 757), *Tafsīr* des sourates 42 verset et sourate 5 verset 48 (éd. 'A. M. Šiḥāta, Beyrouth, 2002), et du grammairien et lexicographe al-Ḫalīl (m. 791), *Kitāb al-'ayn*, Mahdī al-Maḫzūmī et I. al-Sāmirānī éd., Bagdad, Dār al-Rašīd lil-našr, 1980-2, ici sous le lexème š-r-'. Cf. aussi « Ibn Zayd », 'Abd al-Raḥmān b. Zayd b. Aslam (m.798) dans Ṭabarī, *Tafsīr*, vol. 11 p. 259, n° 31195 (cf. *supra*, note 6). Pendant les VIIe-VIIIe siècles, la notion « charia » a dépassé la signification de « Loi », cf. Ch. Müller, art. cité (n. 5), p. 62 et suiv.

et de son Messager, le Prophète Muḥammad[22]. Selon Šāfiʿī, les juristes ne doivent en aucun cas transférer une règle existante dans une de ces « charias » vers une autre charia. Ainsi, la possibilité de se faire remplacer pour effectuer le pèlerinage par exemple, ne peut pas être « transférée » vers la charia du devoir des prières quotidiennes[23]. Pour lui donc, le mot charia ne fait pas référence à une règle précise fondée sur le texte coranique ou sur la tradition prophétique. Cette compréhension nuancée du mot charia explique clairement l'absence du mot dans les premières compilations de règles juridiques.

Šāfiʿī est aussi le premier penseur en Islam dont il est conservé une théorie qui englobe la révélation de la normativité divine, le Jugement Dernier, mais aussi les interprétations des juristes qui en découlent pour évaluer les obligations terrestres. Dans son ouvrage intitulé *Risāla*, que l'on peut traduire par « message »[24], l'auteur développe le lien dynamique entre texte coranique, pratiques prophétiques réglementaires et les différents degrés du savoir humain (*ʿilm*). Les degrés de savoir portent sur la normativité révélée et sur la recherche humaine du « juste » qui en découle[25]. Pour al-Šāfiʿī, et ceci devient la doctrine des écoles juridiques sunnites par la suite, les pratiques normatives du Prophète, appelées en arabe *Sunna*, pluriel *Sunan* (littéralement « chemin »), sont également l'expression de la volonté normative divine. Dans ses écrits, al-Šāfiʿī, que l'on peut considérer comme le précurseur d'un droit sacré, se défend contre deux courants intellectuels de son époque, c'est-à-dire le début du IXe siècle : ceux qui n'acceptaient que la parole de Dieu révélée dans le Coran sans donner une autorité particulière aux pratiques prophétiques, mais aussi les juristes et les juges qu'il accusait de juger trop souvent selon ce « qu'ils trouvaient bon » (*istiḥsān*) en arabe, sans être mandatés par la Loi divine[26].

22. Šāfiʿī, *Ǧimāʿ al-ʿilm*, op. cit. (n. 11), ici § 468, avec l'obligation de prier (§ 470-476), de donner l'aumône (§ 477-480), de jeûner (§ 481-484) et de faire le pèlerinage (§ 485-492).

23. Šāfiʿī, *Ǧimāʿ*, op. cit. (n. 11), § 469; ainsi dans le cas d'une personne qui jeûne au nom d'une autre : pourquoi il ne faut « pas transférer une charia vers une autre » (*lā yuqās šarīʿatun ʿalā šarīʿatin*) ?, Šāfiʿī, *Kitāb al-Umm, op. cit.* (n. 11), ici l'édition Dār al-Fikr lil-ṭabāʿa wal-našr wal-tawzīʿ, 1983, vol 7, p. 223.

24. Šāfiʿī, *al-Risāla, op. cit.* (n. 12).

25. Dans la *Risāla*, al-Šāfiʿī distingue entre le « savoir général » (*al-ʿilm al-ʿāmm, ʿilm ʿāmmatin*) et le « savoir des spécialistes » (*ʿilm al-ḫāṣṣa*) (§961-§997), cf. aussi Šāfiʿī, *al-Ǧimāʿ*, § 172-173, pour *ʿilm al-ḫāṣṣa*. L'être humain peut saisir ce qui est « juste » devant Dieu (*ḥaqq*) selon deux états : dans son for interieur (*bāṭin*) et selon les évidences (*ẓāhir*), notamment § 1368.

26. Šāfiʿī, *Kitāb ibṭāl al-istiḥsān*, dans Id., *Kitāb al-Umm, op. cit.* (n. 13), vol. 9, p. 57-84.

Puis, au IXe siècle, a lieu une évolution : la collecte des récits prophétiques, les hadiths, dans des recueils qui deviennent canoniques[27], ce qui prépare le terrain pour l'étape suivante de la fabrique de la charia. Cette dernière se caractérise par l'émergence de l'herméneutique de la normativité sacrée. À partir du Xe siècle commence ainsi à fleurir un nouveau type de littérature juridique appelé « bases de la compréhension » (*uṣūl al-fiqh*). Ces « bases » consistent en plusieurs éléments : texte coranique, tradition prophétique (*ḥadīṯ, sunna*), consensus de la communauté (*iğmāʿ*) et raisonnement déductif, notamment analogique (*qiyās*). Elles sont dès lors considérées comme des indicateurs de la connaissance de la Loi sacrée[28].

Dès les débuts de cette herméneutique du sacré, certains aspects présentent une différence avec l'étape antérieure : le Prophète Muḥammad est alors associé au processus de législation. Il devient législateur, celui qui est – avec Dieu – à l'origine du droit révélé (*šarʿ*). Il faut ici noter la proximité lexicographique entre Muḥammad en tant que « législateur », *šāriʿ* en arabe, et le terme même de « charia ». Dès le Xe siècle donc, la littérature herméneutique place les « récits prophétiques » considérés comme fiables au deuxième rang des sources de la Loi, le premier rang étant réservé au Coran. Cette conception des « sources de la Loi » a eu des conséquences sur ce qui était considéré comme lié à la charia. Les récits portant sur les pratiques normatives du Prophète touchaient à la vie quotidienne de la première communauté musulmane. Muḥammad étant dorénavant considéré comme législateur – à l'instar d'autres prophètes coraniques comme Moïse ou Jésus, à qui Dieu avait révélé la Loi de leur communauté – il devenait concevable que la charia, qui, on l'a dit, était à l'origine une notion abstraite liée à la Divinité, fasse son entrée dans la réglementation de la vie quotidienne.

Suite à cette théorie des « bases de la compréhension », l'usage du champ sémantique lié à la charia dépasse la sphère de la seule révélation divine. Ce qu'on appelle les « statuts chariatiques » (*aḥkām šarʿiyya*, ou *aḥkām al-šarīʿa*) désigne alors une échelle d'évaluation liée aux actes humains. Celle-ci va de l'obligatoire à l'interdit, en passant par le souhaité, le neutre et le répréhensible[29].

27. Cf. note 8 pour les collections dites canoniques.

28. Pour une introduction générale cf. Wael Hallaq, *A history of Islamic legal theories. An introduction to Sunnī uṣūl al-fiqh*, Cambridge, 1997, Éric Chaumont, *al-Šayḫ Abū Isḥāq Ibrāhīm al-Šīrāzī, Kitāb al-Lumaʿ fī uṣūl al-fiqh. Le Livre des Rais illuminant les fondements de la compréhension de la Loi*, Berkeley, 1999, p. 10-35.

29. Au début, les dénominations et le nombre concernant cette taxonomie des actes humains ont différé avant d'aboutir finalement à « l'échelle de cinq » (*al-aḥkām al-ḫamsa*), cf. notamment Bernard Weiss, *The Search for God's Law: Islamic Jurisprudence in the*

Cependant, à la même époque, entre les xe et xie siècles, la signification du terme « charia » reste limitée à la Loi révélée et éternelle. Une « règle de la charia » (*ḥukm al-šarīʿa*) consistait en une règle sous forme d'énoncé explicite provenant du Coran, puis des pratiques prophétiques, donc de la Sunna. Au xie siècle, des théoriciens comme al-Ǧuwaynī (m. 1085) et al-Ġazālī (m. 1111), par exemple, utilisaient fréquemment le terme charia, puisque leur discours sur la Loi révélée se limitait, disaient-ils, aux règles connues avec certitude par le biais de la preuve (*burhān*) sur la base d'« indicateurs sans équivoque » (*adilla qāṭʿiyya*)[30].

Les règles utilisées par les juristes du xie siècle, au contraire, se situent hors de la charia. Elles ne correspondent pas, dans leur grande majorité, à la description qui était faite d'une « règle de la charia », dans la mesure où elles étaient basées sur le raisonnement par déduction (*qiyās*) ou sur le consensus des savants (*iǧmāʿ*), eux-mêmes considérés comme des « indicateurs équivoques » (*ẓannī*) par la théorie du droit sacré. Les juristes appelaient ces règles juridiques « statut légiféré » (*ḥukm mašrūʿ*), pour faire allusion au droit sacré (*šarʿ*) sans pour autant utiliser le terme même de « charia »[31].

Pour illustrer la différence de perception de la règle selon les théologiens et les juristes, voici l'exemple des prières quotidiennes : les deux groupes s'accordaient sur l'obligation de prier cinq fois par jour, qui faisait partie de la charia. Mais certaines règles concernant les modalités de la prière étaient basées sur des indicateurs équivoques, ce qui a amené les théologiens à considérer qu'il n'y avait pas de preuve que l'observation ou non de ces règles serait prise en compte au cours du Jugement Dernier. Néanmoins, l'observation de ces règles faisait partie du droit des pratiques rituelles selon les écoles juridiques.

Si la « théorie des fondements » des xe et xie siècles évolue au début sans lien apparent avec la pratique juridique, nous observons néanmoins, et ceci est crucial dans cette argumentation, son impact dans la durée sur la légitimation des règles juridiques. En effet, entre les xie et xiiie siècles, les règles juridiques des écoles juridiques sont soumises à des vérifications

Writings of Sayf al-Dīn al-Āmidī, Utah, 1992, ici p. 93-109 ; Wael Hallaq, *op. cit.* (n. 28), ici p. 40-42 ; Joseph Schacht, *Introduction au droit musulman*, traduit de l'anglais par Paul Kempf et Abdel Magid Turki, Paris, Éditions Maisonneuve et Larose, 1983.

30. Cf. Ch. Müller, art. cité (n. 5), p. 65-66, et notamment al-Ǧuwaynī, *al-Burhān fī uṣūl al-fiqh*, Beyrouth, Dār al-kutub al-ʿilmiyya, 1997, p. 8. Une analyse approfondie de l'usage du mot charia dans les œuvres d'al-Ǧuwaynī et son disciple al-Ġazālī reste à faire.

31. Cf. Ch. Müller, art. cité (n.5), p. 69 et 71, avec la référence à deux ouvrages de l'herméneutique juridique par les juristes hanéfites al-Pazdawī (m. 1089) et al-Saraḥsī (m. 1096).

systématiques pour déterminer les indicateurs (*dalīl* en arabe au singulier) qui les lient avec les bases de la Loi sacrée, c'est-à-dire la charia.

Ce constat seul n'explique pas le fait de considérer le droit des juristes en tant que « charia », tel qu'évoqué au début de cet article. À cela s'ajoute un changement profond : les règles des écoles juridiques, immuables depuis des siècles, deviennent elles-mêmes chariatiques. Désormais, la théorie distingue pour chaque règle (*hukm*) entre indicateurs sacrés éternels (*dalīl šar'ī*) et indicateurs qui puisent dans la réalité, le « circonstanciel » (*waḍ'ī*)[32]. Parmi les aspects dits « circonstanciels » d'une règle chariatique, qui permettent de l'associer à un droit individuel, les juristes distinguent : la raison (*sabab*), ce qui rend une règle obligatoire pour une personne, la pré-condition (*šarṭ*) de l'existence d'un droit, et la *ratio legis* (*'illa*), ce qui change la situation légale. Au XIᵉ siècle encore, les juristes hanéfites al-Pazdawī et al-Saraḥsī classent ces aspects des droits individuels en tant qu'annexe au statut juridique sacré (*hukm*). À partir du XIIIᵉ siècle, ils font partie intégrante d'une règle chariatique, issue de la casuistique sacrée des écoles juridiques[33].

Ce changement profond, cette « fabrique de la charia » par les théoriciens légistes entre les VIIIᵉ et XIIIᵉ siècles a eu un impact important sur la pratique du droit. Les vestiges de la pratique juridique, les actes notariés évoqués plus haut l'illustrent clairement. La base de données CALD déjà citée permet de comparer des milliers d'actes notariés rédigés dans des régions qui s'étendent de l'Asie centrale à l'Est jusqu'à l'Espagne musulmane à l'Ouest, entre le VIIᵉ et le XVIᵉ siècle. Chaque acte, afin d'être recevable devant le cadi musulman devait correspondre en tout point aux exigences du droit en vigueur, désigné dès le XIIIᵉ siècle par le terme charia. Voici une fois encore le constat frappant de notre comparaison : si la validité d'une action, une vente ou une reconnaissance de dette notamment, était qualifiée de « valide » (*ṣaḥīḥ*) à partir du Xᵉ siècle, la formule utilisée pour désigner cette même validité change à partir de la fin du XIIᵉ siècle pour devenir « chariatiquement valide » (*ṣaḥīḥan šar'iyyan*)[34] à l'image de la conception du droit islamique.

---

32. Selon les auteurs du XIIIᵉ siècle, al-Rāzī (m. 1209), dans son *Maḥṣūl*, al-Āmidī (m. 1233), *Iḥkām* et al-Qarāfī (m. 1285), *Šarḥ tanqīḥ al-fuṣūl*, etc. Cf. A. Zysow, *The Economy of Certainty. An Introduction to the Typology of Islamic Legal Theory*, 2013, ici p. 52.

33. Cf. Ch. Müller, art. cité (n. 5), p. 75-79, avec références à al-Rāzī (m. 1209), *al-Maḥṣūl fī 'ilm al-uṣūl*, et Niẓām al-Dīn al-Šāšī (XIIIᵉ s.), *al-Uṣūl* ; pour la complexité du *hukm šar'ī* selon al-Qarāfī (m. 1285), cf. Sh. A. Jackson, *Islamic Law and the State*, Leyde, Brill, 1996, p. 116, avec une différenciation entre *hukm taklīfī* et *hukm al-waḍ'ī*, 119.

34. Cf. *supra*, notes 17 et 18.

Désormais, les actes notariés et d'autres sources documentaires ne tarderont pas à nommer le droit des juristes musulmans « la charia purifiée ou la charia sacrée » (*al-šarīʿa al-muṭahhara*) et les cadis deviendront quant à eux des « auxiliaires de la charia » (*muʾayyid al-šarīʿa*)[35].

Voici en résumé les étapes évolutives de la notion de charia : 1) La voie mise à la disposition du Prophète par Dieu, dans le Coran. 2) La voie à suivre vers le salut éternel, au VIIIᵉ siècle. 3) Les « champs d'obligations » constitués par la guidance divine, dans la pensée d'al-Šāfiʿī (m. 820). 4) La Loi divine ou révélée qui se manifeste dans des règles précises, entre le Xᵉ et le XIIᵉ siècle. 5) Enfin, au XIIIᵉ siècle, un droit composé de règles agrégeant indicateurs révélés et circonstanciels, à savoir la charia des juristes musulmans. La complexité des règles chariatiques dans le droit des juristes musulmans résulte de la nécessité intellectuelle de lier la Loi éternelle avec les aspects circonstanciels de la vie humaine. Par conséquent, affirmer que l'énoncé coranique ou la Tradition prophétique constituent ou reflètent « la charia » est en rupture totale avec la tradition et les bases intellectuelles qui ont permis de concevoir la charia comme « règles de droit » en islam.

Suite au processus de modernisation entamé au milieu du XIXᵉ siècle et qui a remplacé le droit des juristes par un droit étatique, l'habitude a été prise de considérer les énoncés coraniques et ceux de la Tradition prophétique explicites comme « règle de droit ». Considérer les seuls énoncés coraniques comme « lois de la charia » est une invention du XXᵉ siècle, sans base historique. L'impact politique croissant de cette doctrine est lié au nouveau fondamentalisme islamique, porté en grande partie par les salafistes. Ce fondamentalisme utilise en effet la notoriété culturelle du terme « charia » comme synonyme de la Loi coranique éternelle, alors que ce terme n'avait pas un tel sens au VIIᵉ siècle, celui du Prophète et de la première communauté musulmane.

L'histoire des idées, sur la base de l'histoire des textes et de l'analyse philologique et historico-critique des sources, chère à l'Institut de recherche et d'histoire des textes, permet ainsi de relever le malentendu historique qui entoure la compréhension de la notion de charia et d'en déceler les mécanismes.

Christian MÜLLER

35. Selon certaines eulogies dans les actes notariés, notamment rédigés à Ardabil : cf. ArdS_14 (619 AH), puis dans les actes de la période mamelouke, en ordre chronologique : JerH_015/2 (743 AH), JerH_833/3 (747 AH), CaiNt_63/3 et /8 (862 AH), Sin_266/2 (863 AH), BerHo_6948/1_24 (864 AH), CaiA_346/9 (865 AH), BerHo_6948/4 (879 AH) ; Sin_286/1 (883 AH) et CaiMw_75/6 (911 AH). Il existait d'autres formes d'eulogies composées avec « charia ».

RETOUR AU VATICAN

Fin 2011, l'École française de Rome, l'Institut de recherche et d'histoire des textes et la Bibliothèque Apostolique Vaticane se sont associés pour dix ans, afin de rédiger le catalogue des manuscrits français et occitans conservés par cette dernière. Ce projet n'est que la concrétisation actuelle d'un partenariat intellectuel ininterrompu depuis les années 30 du siècle passé. Des premiers épisodes, Louis Holtz a magnifiquement fait le récit[1] : c'est à Rome, dans les années 1923-1925, alors qu'il est pensionnaire de l'École française, que Félix Grat rencontre Dom Quentin ; c'est à Rome encore qu'il découvre trois manuscrits de Tacite, et qu'en quelques pages magistrales, il refait, avec les moyens dont il dispose (éditions et reproductions phototypiques) le classement des copies de la *Germanie*, des *Annales* et des *Histoires*[2]. C'est à Rome enfin qu'il formule pour la première fois le vœu d'une « exploration complète et méthodique de toutes les bibliothèques » et de la réunion de toutes les copies manuscrites d'un même texte[3] ; les dernières pages de l'article paru en 1925 dans les *Mélanges d'archéologie et d'histoire* en témoignent.

À la fondation effective de l'IRHT en 1937, le laboratoire affecte au fonds de la Bibliothèque Vaticane des moyens à la hauteur de son importance : des « missions permanentes » y sont mises en place[4], sous la direction d'abord de Luisa Banti, puis d'Adriana Marucchi. Ce n'est pourtant qu'en 1968 que le préfet de la Bibliothèque Vaticane, le Père Alphonse Raes, donne officiellement l'autorisation à l'IRHT d'entreprendre

---

1. Louis Holtz, « Les premières années de l'Institut de Recherche et d'Histoire des Textes », *La Revue pour l'Histoire du CNRS* 2, 2000, en ligne : http://histoire-cnrs.revues.org/2742.

2. Félix Grat, « Nouvelles recherches sur Tacite », *Mélanges d'archéologie et d'histoire* 42, 1925, p. 3-66.

3. *Ibid.*, p. 63. Huit années plus tard, le programme est développé dans « L'histoire des textes et les éditions critiques », *Bibliothèque de l'École des chartes* 94, 1933, p. 296-309.

4. Dans un second temps, Jeanne Vielliard en instituera également au British Museum ; non cantonnée à la Bibliothèque Vaticane, l'équipe conduite par Luisa Banti a exploré plusieurs fonds italiens.

la rédaction du catalogue des manuscrits classiques latins[5]. À son terme, le volet romain du projet de Félix Grat couvre quelque 3 000 manuscrits médiévaux transmettant des œuvres d'auteurs de l'Antiquité latine, leurs commentaires et autres *accessus*. Le premier tome paraît en 1975. Trois sont planifiés[6], qui décrivent les manuscrits selon l'ordre des cotes, et incluent des index non cumulatifs permettant de rapidement reconstituer la liste des manuscrits d'un auteur.

L'entreprise des *manuscrits classiques latins* est à peine finie quand la section romane de l'IRHT propose à son tour de se pencher sur un corpus de manuscrits de la Vaticane : celui des manuscrits français et occitans médiévaux. L'ombre encore des fondateurs... En l'occurrence celle d'Édith Brayer, fondatrice de la section romane de l'IRHT en 1941, décédée en 2009, et dont les archives scientifiques viennent en 2011 de rejoindre celles de l'équipe. La dame avait, comme beaucoup de membres de l'IRHT d'hier et d'aujourd'hui, un grain de douce fantaisie. Mais lorsqu'il s'agissait de science, nous étions sûres de l'acuité de son jugement. Et voici que nous découvrions qu'à son tour membre de l'École française, en 1946, elle avait commencé à préparer le catalogue aujourd'hui en cours de rédaction. Or cela pouvait étonner : Édith Brayer ne pouvait ignorer qu'Ernest Langlois avait publié des « notices » des manuscrits français et occitans de Rome (Vaticane et Corsiniana) en 1889[7], que son travail avait été complété par ceux de Karl Christ en 1916 (pour le fonds palatin)[8] et de Suzanne Vitte en 1930 (pour le fonds Rossi)[9]. *A posteriori*, le projet d'Édith Brayer s'explique par deux motivations : la première, qui dut faire naître la seconde, était de profiter de son statut de membre de l'École française pour mener à bien

5. Élisabeth Pellegrin, « Introduction », in *Manuscrits classiques latins de la Bibliothèque Vaticane*, tome I, Paris, Éditions du Centre National de la Recherche Scientifique (Documents, études et répertoires publiés par l'Institut de Recherche et d'Histoire des Textes), 1975, p. 9-21, ici p. 9.

6. Trois tomes en cinq volumes : le premier est cité à la note précédente ; tome II/1 Paris, CNRS Éditions, 1978, tome II/2, Paris, CNRS Éditions, 1982 ; tome III/1, Paris, CNRS Éditions, 1991 ; tome III/2, Paris, CNRS Éditions, 2010. Sous la direction d'Élisabeth Pellegrin ont œuvré notamment Marco Buonocore, François Dolbeau, Jeannine Fohlen, Colette Jeudy, Adriana Marucchi, Anne-Véronique Raynal, Pierre-Jean Riamond, Yves-François Riou, Paola Scarcia Piacentini, Jean-Yves Tilliette.

7. Ernest Langlois, « Notices des manuscrits français et provençaux de Rome antérieurs au XVIe siècle », *Notices et extraits des manuscrits de la Bibliothèque Nationale* 33/2, 1889.

8. Karl Christ, « Altfranzösischen Handschriften der Palatina », *Beiheft zum Zentralblatt für Bibliothekswesen* 46, 1916, p. 31-123.

9. Suzanne Vitte, « Les manuscrits français du fonds Rossi à la Bibliothèque Vaticane », *Mélanges d'archéologie et d'histoire de l'École française de Rome* 47, 1930, p. 92-117.

un inventaire de tous les textes français et occitans conservés dans les bibliothèques d'Italie, sans négliger Rome[10]. Repartant des inventaires, elle mesura sans doute vite combien on ignorait encore la richesse du fonds : sa seconde motivation fut d'explorer avec plus de minutie la Vaticane et elle fit d'un « inventaire provisoire » son mémoire de l'École française. Cet inventaire provisoire compte 441 manuscrits, quand les trois catalogues antérieurs cumulés n'en connaissaient que 236. Elle n'avait donc pas eu tort de revenir aux sources[11]...

Par rapport aux 3 000 manuscrits classiques latins, ces 441 manuscrits en langues vernaculaires de la France feront peut-être piètre figure. Mais ils font de la Vaticane le quatrième fonds au monde pour les manuscrits français et occitans, après la Bibliothèque nationale de France, la British Library et la Bibliothèque royale de Belgique[12]. Ce serait déjà une raison suffisante pour y regarder de plus près. En outre, ce volume de 441 manuscrits présente l'intérêt d'être à la fois de belle ampleur et d'une richesse maîtrisable pour son organisation en échantillon dans la perspective de recherches plus vastes sur lesquelles je reviendrai. Deux biais toutefois devront rester présents à l'esprit quand il s'agira d'utiliser ce corpus. Le premier est qu'en dépit de son importance relative, il ne représente que 2 % de l'écrit littéraire français et occitan médiéval conservé. Par ailleurs, mais cela nous ne le savions pas encore en rouvrant le dossier légué par Édith Brayer, la ventilation par période et par type de textes y est atypique. La cause en est dans ce qui fait aussi l'intérêt majeur des collections vaticanes pour nous : leur genèse – j'en excepte le fonds palatin – entre les mains de collectionneurs modernes de

10. Alfred Merlin, « Rapport sur les travaux de l'École française de Rome durant l'année 1946 », *Comptes rendus des Séances de l'Académie des Inscriptions et Belles-Lettres* 1947, fasc. II (avril-juin), p. 387-398, ici p. 392 ; pour les rapports des années suivantes, voir Marie-Laure Savoye, Anne-Françoise Leurquin-Labie, Jean-Baptiste Lebigue et Maria Careri, « Sur les traces d'Édith Brayer : catalogue des manuscrits français et occitans de la Bibliothèque Vaticane », *Mélanges de l'École française de Rome - Moyen Âge* 126-2, 2014.

11. Qu'on ne lise ici nul reproche envers Ernest Langlois, dont la publication n'affiche aucune intention d'exhaustivité. On répondra en revanche aux reproches formulés par Louis Halphen et relayés par Robert Fawtier, « Rapport sur les travaux de l'École française de Rome pendant l'année 1947-1948 », *Comptes rendus des Séances de l'Académie des Inscriptions et Belles-Lettres* 1949, fasc. III (juillet-sept.), p. 227-236, ici p. 234 : l'inventaire sommaire établi par Édith Brayer ne pouvait alors être établi qu'à Rome, et non à Paris, car il a nécessité le dépouillement de nombreux inventaires anciens manuscrits, consultables uniquement à la Bibliothèque Vaticane, et le contrôle sur originaux de la pertinence pour le corpus de tel ou tel manuscrit, ce dont les notices brèves ne permettaient nullement de s'assurer.

12. Respectivement, d'après le nombre de manuscrits aujourd'hui recensés dans la base Jonas : *ca* 4 200 pour la BnF, un millier pour la British Library, 800 pour la Bibliothèque Royale de Belgique.

manuscrits, collectionneurs, et non héritiers, érudits et non bibliophiles. Si ce corpus n'est pas représentatif de ce qui a été écrit en langues vernaculaires au Moyen Âge, il est représentatif de ce qui en a été recherché et préservé par les érudits des XVIe et XVIIe siècles. La majorité des volumes se trouve dans les fonds Ottoboni latini et Reginenses latini, acquis donc de la collection de Christine de Suède : en amont, ils sont la trace des intérêts de Claude Fauchet, de Paul et Alexandre Petau, de Jean et Pierre Bourdelot. Sous leur influence dominent l'histoire, le droit, les sciences. La littérature « de divertissement » n'est pas exclue – Claude Fauchet en fut un des premiers historiens – mais elle ne représente qu'une part infime du fonds.

J'en viens au détail du projet en cours. Pour la forme, c'est une évidence, il ne faut guère espérer de lui une grande originalité, pas plus que n'en avait son prédécesseur latin. Pourtant, quelque codifié que soit l'exercice, il porte toujours la patine des questionnements scientifiques des rédacteurs, des problématiques qui leur sont chères, voire de leur marottes[13]. On ne s'en étonnera guère, les deux projets accordent une attention accrue au contenu textuel des manuscrits, plus qu'à l'archéologie du livre ou aux expertises paléographiques[14]. À ce titre, tous les textes importent au même degré, du mauvais quatrain de circonstance au grand roman arthurien ; tous méritent l'attention de la recherche, que leur coexistence dans le livre relève du souhait des compilateurs ou de l'histoire du livre. Le traitement dans le catalogue des classiques latins des textes non classiques fut discuté lors de la réunion du comité de suivi du 19 janvier 1970 : le rapport rend compte d'une convergence des avis d'experts pour un signalement, au moins sommaire, dans le corps de texte[15]. Dans l'introduction du dernier volume,

13. Ce d'autant plus que les notices reposent sur un petit nombre de rédacteurs principaux, à plus de 95 % Anne-Françoise Leurquin et moi-même, et, notamment pour les chansonniers occitans et les manuscrits épiques, Maria Careri. Le projet mobilise un grand nombre de collaborateurs apportant leurs compétences en histoire de l'art, en paléographie, en histoire des textes, en langue française médiévale, dont la liste ne peut être ici donnée. Une mention particulière doit cependant être faite du soutien à la rédaction de l'ensemble du catalogue apporté par Christine de Saint-Pol et Véronique Trémault.

14. Codicologie et paléographie ne sont pas pour autant négligées ; leur traitement se trouve toutefois largement subordonné à l'histoire des textes et de leur réception.

15. Extrait du compte rendu de la réunion du 19 janvier 1970, à laquelle participaient Marie-Thérèse d'Alverny, Jeannine Fohlen, Jacques Fontaine, Colette Jeudy, Élisabeth Pellegrin, Pierre Petitmengin, Yves-François Riou et André Vernet : « Les textes médiévaux ou humanistiques contenus dans les mss. étudiés étant passés sous silence lorsqu'ils sont en majorité, indiqués en note lorsqu'ils sont en minorité, M. Vernet pense qu'on devrait les signaler de toutes façons, surtout quand il n'y a pas de catalogues imprimés ; M. Fontaine souligne que le voisinage de tels ou tels textes est très important pour le classement des mss. à l'intérieur de la tradition ; ils sont d'accord avec Melle d'Alverny et M. Petitmengin pour

Anne-Véronique Raynal défend de nouveau l'idée, d'autant que les outils d'identification se sont multipliés[16]. Il va de soi que les mêmes arguments nous conduisent aujourd'hui au même type de réponse : le catalogue des manuscrits français et occitans est naturellement un catalogue complet des manuscrits contenant du français ou de l'occitan, et contient aussi des identifications – parfois neuves – de textes latins. L'histoire des textes l'exige ainsi : on ne saurait comprendre quelle fut la réception d'une œuvre médiévale sans examiner soigneusement le contexte manuscrit de chacune de ses occurrences. Le questionnement de l'équipe quant aux délimitations du corpus a moins porté sur les frontières linguistiques que sur les frontières génériques, notamment celles qui séparent dans les usages de nos disciplines littérature et diplomatique : tel manuscrit (Ott. lat. 2257) surprendra en unissant un remaniement du manuel professionnel du héraut Sicile, sans doute pour l'usage personnel d'un successeur pour l'heure anonyme, et une compilation par le même copiste d'ordonnances sur les métiers d'armes ; tel autre (Ott. lat. 2258) en faisant suivre des extraits des traductions françaises d'Aristote par Nicole Oresme de discours diplomatiques franco-bourguignons (Guillaume Fillastre et contemporains).

L'histoire des textes attend de nous que nous accordions la plus grande attention aux détails de la copie, à tout ce qui en fait la singularité, la qualité, la place dans la tradition de l'œuvre. Le catalogue des classiques latins n'a pas pour seule fin de fournir, grâce aux index et malgré le classement par cotes, un inventaire des copies vaticanes d'un texte donné. Un autre outil d'ailleurs est paru dans l'intervalle qui remplit en partie cette mission[17]. Abordant une part du corpus classique par l'angle d'une collection, nos prédécesseurs latinistes ont entendu simultanément le vœu de Félix Grat et celui de Nicolà Terzaghi[18], que le catalogue inclue pour chaque texte des indications sur son utilisation par les érudits, la famille à laquelle il appartient et sa valeur pour une édition future. Même si Élisabeth Pellegrin se défend en introduction au premier volume d'avoir réalisé une collation intégrale de

demander qu'on les signale dans le corps de la notice, au moins de façon sommaire ». Je remercie Anne-Véronique Raynal de sa disponibilité et de la générosité avec laquelle elle m'a communiqué les archives de l'entreprise des Manuscrits classiques latins.

16. *Manuscrits classiques latins*, tome III/2, p. 12.

17. Birger Munk Olsen, *L'étude des auteurs classiques latins*, 4 tomes, Paris, CNRS Éditions, 1982-2014.

18. Nicolà Terzaghi, « Per una nuova catalogazione dei manoscritti di autori classici esistenti in Italia », in *Atti del 1° Congresso Nazionale di Studi romani* 2, Rome, 1929, p. 271-276. Voir l'introduction d'Élisabeth Pellegrin au premier tome des *Manuscrits classiques latins*.

chaque témoin, les notices prouvent le soin avec lequel les écarts avec les éditions disponibles ont été relevés.

Le catalogage en cours pour le français risque de n'exhumer que peu de nouveaux textes, parce qu'Édith Brayer était bien incapable de garder totalement sous clés son travail, et que les données de son inventaire sommaire ont rapidement rejoint le fichier de la section romane qu'elle dirigeait. Parmi ceux jusqu'alors inconnus, on trouvera surtout des éléments insérés dans des compilations pratiques : des recettes hippiatriques (*e. g.* Reg. lat. 1177), un court traité sur les propriétés de la fougère (Reg. lat. 1329), des méthodes d'interrogations astrologiques (Reg. lat. 1257)... ou pour ce qui est de la production latine, un traité sur les unités de mesure dit traduit du vernaculaire par un certain Jacobus Faber (« De vasorum capacitate capienda in regione aut civitate quavis quoquisque se receperit ex vulgari cujusdam mensoris in latinum per me Jacobum Fabri traductum et latinitati datum », Ott. lat. 2257, f. 130r-136v).

Le catalogue permet en revanche de trouver d'assez nombreuses nouvelles copies de textes déjà connus comme le *Comput de Fécamp* (Reg. lat. 1847), la *Ballade des pendus* de François Villon (Ott. lat. 1212, f. 164r), le commentaire anonyme du *Miserere* (Pal. lat. 1959, f. 1r). Il nous a permis de reconsidérer la datation d'un traité d'agriculture réputé moderne : *L'Art et maniere de semer et faire pepiniere de saulvaigeaux, enter de toutes sortes d'arbres et faire vergiers*, attribué à un mystérieux Gorgole de Corne, daté jusqu'alors des années 1540, mais qui figure dans un manuscrit daté, de façon incontestable, de 1475 (Reg. lat. 1323).

Nous travaillons selon les mêmes objectifs, nous efforçant, si d'autres copies sont disponibles, de situer les témoins vaticans par rapport à celles-ci, donnant si nécessaire des indications sur sa fiabilité. Le projet vernaculaire souffre cependant de l'absence d'édition de nombreux textes du corpus, ce qui complique la tâche d'évaluation de la qualité des copies. Au fil des recherches, nous avons ainsi pu établir de façon certaine la filiation directe entre deux copies de la traduction française de l'*Horloge de Sapience* aujourd'hui dans le fonds palatin[19]. Un examen soigneux nous a également conduits à réviser le jugement de l'éditeur du *Champion des dames* de Martin le Franc[20] quant à la valeur du témoin vatican. Fortement raturé, le manuscrit porte des corrections qui méritent l'attention de la critique : présenté une première fois à la cour de Bourgogne, le *Champion des dames*

---

19. Pal. lat. 1973 et Pal. lat. 1991.

20. Robert Deschaux, *Martin Le Franc. Le Champion des dames*, Paris, Champion (Classiques Français du Moyen Âge), 1999.

y fut plutôt mal reçu. Or le manuscrit du Vatican (Pal. lat. 1968) témoigne d'un effort cohérent d'élimination de toute mention, et surtout de tout éloge de la maison de Bourgogne : on y a remplacé, sans souci de la métrique, le *fusil* par des *fleurs de lis* ; le *sejour de Bourgongne* a été transformé en *grant sejour de France* ; de rageuses hachures ont oblitéré les évocations du duc de Bourgogne et les hommages aux grands de l'entourage ducal, etc. Tous traits qui invitent à considérer le manuscrit jusqu'alors délaissé du fonds palatin comme un manuscrit d'auteur dépité[21].

L'histoire des textes s'apprend aussi par l'histoire des manuscrits les transmettant. L'attention à cette histoire anime l'une et l'autre des entreprises, et les dépasse.

De l'attention portée aux possesseurs anciens des manuscrits des classiques latins sont indissociables plusieurs contributions scientifiques majeures de nos prédécesseurs latinistes. Je pense par exemple aux travaux d'Élisabeth Pellegrin sur les manuscrits de Loup de Ferrières, sur les bibliothèques de Fleury ou de Saint-Victor, sur Jean et Pierre Bourdelot[22]... Je pense aussi aux recherches de Jeannine Fohlen sur la genèse ou plutôt les genèses du fonds Vatican Latin, à l'histoire et à la cartographie duquel elle apporta, aux côtés de Pierre Petitmengin, une contribution essentielle[23]. Depuis 2010, la Bibliothèque Vaticane publie progressivement une histoire complète de l'institution et de ses fonds[24], histoire qui doit une part non négligeable aux travaux de nos prédécesseurs. Les romanistes n'ont plus guère d'efforts à fournir en ce sens, si ce n'est pour mettre les bons noms en face des bons indices. Même si les hasards des circulations de livres

---

21. Hypothèse que ne contredit pas l'hypothèse formulée *infra* d'une provenance savoyarde de plusieurs manuscrits du fonds palatin, Martin le Franc devenant prévôt de Lausanne peu après le rejet de son *Champion des dames*.

22. Citons, sans exhaustivité, « Manuscrits de l'abbaye de Saint-Victor et d'anciens collèges de Paris à la Bibliothèque municipale de Berne, à la bibliothèque Vaticane et à Paris », *Bibliothèque de l'École des chartes* 103, 1942, p. 69-98 ; « Membra disiecta Floriacensia », *Bibliothèque de l'École des chartes* 117, 1959, p. 5-56 ; « Catalogue des manuscrits de Jean et Pierre Bourdelot. Concordance », *Scriptorium* 40, 1986, p. 202-232.

23. Jeannine Fohlen et Pierre Petitmengin, *L'Ancien Fonds Vatican latin dans la nouvelle Bibliothèque Sixtine, ca. 1590-ca. 1610 : reclassement et concordances*, Città del Vaticano, Biblioteca Apostolica Vaticana (Studi e Testi), 1996

24. Sont pour l'heure parus quatre volumes : *Le origini della Biblioteca Vaticana tra umanesimo e Rinascimento, 1447-1534*, Antonio Manfredi éd., Città del Vaticano, 2010 ; *La Biblioteca Vaticana tra riforma cattolica, crescita delle collezioni e nuovo edificio, 1535-1590*, Massimo Ceresa éd., Città del Vaticano, 2012 ; *La Vaticana nel Seicento, 1590-1700 : Una biblioteca di biblioteche*, Claudia Montuschi éd., Città del Vaticano, 2014 ; et *La Biblioteca Vaticana e le arti nel secolo dei Lumi (1700-1797)*, Barbara Jatta éd., Città del Vaticano, 2016.

nous accordent parfois quelque heureuse surprise, pour l'essentiel, un peu de méthode suffit[25]. L'effort peut se concentrer sur les rapprochements de mains d'annotateurs encore anonymes, rapprochements pour lesquels la publication de planches en annexe du catalogue serait d'une grande aide.

En amont cependant, les manuscrits vernaculaires ont de grandes chances d'être l'œuvre de milieux de commande sinon de production assez distincts des manuscrits d'auteurs de l'Antiquité latine. Sur ce terrain de la production de l'écrit vernaculaire, le catalogue commence à apporter son lot de découvertes. L'ensemble le plus conséquent et cohérent provient du fonds Palatin latin, né du transfert à Rome, en 1623 de la bibliothèque du Palatinat. Le philologue Karl Christ[26] avait subodoré une commande féminine derrière plusieurs des manuscrits français du fonds ; en introduction de son catalogue, il évoquait prudemment les noms de quelques princesses de la maison de Savoie. Notre entreprise a permis de cerner plus précisément la responsabilité de Marguerite de Savoie, neuvième et dernier enfant d'Amédée VIII et de Marie de Bourgogne, épouse en premières noces de Louis III d'Anjou (en 1431), puis de Louis IV prince électeur de Palatinat (1445-1449), et en dernier lieu de Ulrich V de Wurtemberg (1453). Le fils Philippe né des secondes noces de Marguerite poursuivit l'œuvre de construction de la bibliothèque de Heidelberg. Unique fils de Marguerite, il hérita vraisemblablement des livres de sa mère. La suite de l'histoire s'explique donc sans peine. Marguerite était connue comme commanditaire de manuscrits allemands ; sa collection française serait antérieure à son mariage avec le prince palatin, et les manuscrits copiés à sa demande l'ont été en Suisse[27].

Recherche des textes, histoire des textes et de leur réception. Tels sont les points communs aux deux entreprises. Le catalogue des manuscrits français et occitans décline aussi une petite série de questions qui lui sont propres, qui s'inscrivent dans la tradition de recherche de l'équipe et s'expliquent par les dimensions assez idéales du corpus pour la constitution d'échantillons.

À la suite des travaux de Geneviève Hasenohr et de Christine de Saint-Pol Ruby, l'un des aspects de l'écrit vernaculaire sur lequel la terre

---

25. Au détour d'une page, nous aurons pu croiser les mains de Jean Nicot (Reg. lat. 1508), ou, ce qui nous surprit davantage, celle d'Antoine Loisel (Reg. lat. 773).

26. Karl Christ, art. cité (n. 8).

27. Voir Henrike Lähnemann, « Margarethe von Savoyen in ihren literarischen Beziehungen », Encomia-Deutsch, Berlin 2002, p. 158-173, et pour plus de détails, Jean-Baptiste Lebigue et Marie-Laure Savoye, Des origines des manuscrits français de l'ancienne bibliothèque palatine, communication du 19 janvier 2015, https://romane. hypotheses.org/2633.

reste largement à défricher réside dans les usages spécifiques ou non en matière de ponctuation et d'abréviation. Avec peut-être une once d'utopie, nous souhaitons fournir pour chaque manuscrit une description des signes syntaxiques, métriques, abréviatifs. Les conclusions de Félix Grat à son article sur les manuscrits de Tacite[28] nous permettent de répondre par avance aux objections des personnes prudentes : quant à l'ampleur de la tâche, « c'est une œuvre énorme mais qui n'a rien qui puisse effrayer des hommes (en l'occurrence des femmes) résolus ». Quant à la possibilité qu'au bout du compte la collecte soit décevante : « les exemplaires que nous avons trouvés étaient sans grande valeur mais ils auraient pu tout aussi bien être de première importance ». Ce n'est ainsi qu'au terme de cette aventure que nous pourrons décider si tel copiste (Pal. lat. 1960) employant quatre formes distinctes de ponctuations fortes, toutes combinaisons de virgules et de points, est un original, un homme désordonné, ou si un système existe que pour l'heure nous n'expliquons pas. Ce pan du chantier aurait été inconcevable il y a seulement deux ans ; il devient possible grâce au soutien accordé par la Vaticane qui numérise avec diligence tous les manuscrits de notre corpus ; qu'elle en soit ici remerciée. Avec la même conscience d'avoir sous la main un bel échantillon, et surtout parce que l'équipe a eu la chance d'être renforcée par une collègue à l'œil et à la plume exercés, Véronique Trémault, nous avons présenté aux responsables de la Bibliothèque Vaticane une proposition de planches relevant les décors filigranés d'initiales dans l'ensemble des manuscrits du catalogue. Leur accord fut immédiat pour une publication de ces relevés, dont l'utilité est assurée pour compléter, par un riche volume vernaculaire, les relevés et études de Patricia Stirnemann[29], Marie-Thérèse Gousset[30], Richard et Mary Rouse[31]. Le relevé ici effectué ne pourra pas apporter toutes les réponses, mais sera certainement une contribution d'importance à la connaissance des pratiques d'ornemanistes des manuscrits vulgaires du xiie au xve siècle, de l'Angleterre aux États latins d'Orient. Il sera en tout cas la première réalisation de ce type pour les langues française et occitane. Dès maintenant, il peut apporter sa contribution à l'histoire des textes : quelques pointillés interrompant le cours d'une ligne, trois filigranes rouges au tracé similaire et un même jeu de formes et de

28. Félix Grat, art. cité (n. 2).
29. Patricia Stirnemann, « Fils de la vierge. L'initiale à filigranes parisiennes : 1140-1314 », *Revue de l'Art* 90, 1990, p. 58-73.
30. Marie-Thérèse Gousset, « Étude de la décoration filigranée et reconstitution des ateliers, Le cas de Gènes à la fin du xiie siècle », *Arte medievale* 2, 1988, p. 121-152.
31. Richard et Mary Rouse, *Manuscripts and their makers: commercial book producers in medieval Paris, 1200-1500*, Londres, Harvey Miller, 2000.

couleurs dans le puzzle de la lettre autorisent ainsi le rapprochement de Reg. lat. 610 (Chronique des rois de France) et Reg. lat.791 (Chronique de Normandie), éclairant d'un jour nouveau l'œuvre de l'Anonyme de Béthune.

À propos du projet lancé par Édith Brayer, une ultime question se pose : pourquoi, alors qu'elle avait même rédigé un brouillon d'introduction au début des années 50, l'a-t-elle laissé au fond d'un tiroir ? La réponse n'est pas dans le peu d'intérêt du fonds, loin de là. Elle me semble être dans la conscience qu'il fallait commencer par autre chose : d'abord réaliser l'inventaire général souhaité par Félix Grat, puis, sur cette toile de fond, mener à bien l'analyse experte et approfondie de la collection vaticane.

L'inventaire général est devenu numérique : c'est la base Jonas, en ligne depuis 2008. Les données collectées pour la rédaction des notices du catalogue papier qui paraîtra en 2021 y sont dès maintenant entrées. Au-delà de l'intérêt d'une mise en ligne rapide, cela assure le lien entre les témoins vaticans et toutes les autres copies repérées d'un texte dont la liste est supposée complète dans Jonas. À terme, cela garantira également, du moins est-ce notre vœu, le maintien à jour de la bibliographie des notices. Par Jonas, le catalogue se trouve engagé dans un réseau de ressources électroniques, dont les bases dédiées à l'IRHT aux langues latine (Fama) et grecque (Pinakes) ; un récent travail sur un recueil de fragments (Ott. lat. 3064) suffirait à montrer toute la pertinence de cette mise en réseau, puisque dans la même liasse que des *Fables* de Marie de France, nous avons pu repérer, entre autres, six feuillets du *Contra Luciferianos* de saint Jérôme (IXe s.) et une copie du XVIe siècle de deux homélies de Basile de Césarée. La base de données permettra en outre des interrogations croisées du corpus du catalogue, mêlant *ad libitum* critères génériques, chronologiques, codicologiques, etc.

L'avenir du catalogue est enfin dans l'ouverture de réflexions qui dépassent ce corpus initial : interpréter la réception des manuscrits français et occitans par les hommes des XVIe et XVIIe siècles implique de considérer l'ensemble de leur bibliothèque vernaculaire, l'ensemble de leur bibliothèque tout court. La recherche doit donc s'étendre dans deux directions : 1) vers les textes modernes manuscrits et imprimés en français qu'on sait leur avoir appartenu ; 2) vers les œuvres latines ou grecques de leur bibliothèque au moins manuscrite présentant quelque affinité thématique ou codicologique avec les livres français. Sur le premier pan, le travail a déjà avancé au fil des dépouillements d'inventaires anciens des fonds : nous avons en effet dressé une liste de tous les ouvrages en français et occitan qui s'y trouvaient mentionnés, et proposerons en annexe du catalogue un répertoire sommaire des manuscrits modernes dans ces deux langues[32]. Tributaire de la minutie avec laquelle les bibliothécaires des siècles passés ont décrit les fonds, ce répertoire ne pourra pas être exhaustif, mais il complètera utilement notre information quant aux bibliothèques des érudits modernes, et ouvrira des pistes neuves de recherche pour les historiens.

Au-delà de la Bibliothèque Vaticane, l'étude demandera à être élargie vers d'autres collectionneurs modernes. Je pense en particulier à Robert Cotton (1571-1631), à Hans Sloane (1660-1753), Thomas Howard, comte d'Arundel († 1646), aux Harley (Robert, 1661-1724 et Edward, 1689-1741). Car il faudra, un jour, se pencher soigneusement sur les fonds de la British Library... Mais de cela, d'autres que moi parleront peut-être pour le centenaire de l'IRHT.

Marie-Laure Savoye

---

32. Ce seront plus de 400 livres qui seront ainsi signalés aux chercheurs en annexe de notre corpus médiéval.

HISTOIRE ET PERSPECTIVES DU *NOVUM GLOSSARIUM MEDIAE LATINITATIS**

Si l'IRHT est particulièrement heureux de fêter son quatre-vingtième anniversaire dans la Grande Salle des Séances du Palais de l'Institut, c'est aussi parce qu'il s'y sent un peu chez lui. Dans la troisième cour, à droite du porche qui ouvre sur la rue Mazarine, un escalier conduit à l'une de ses sections les plus jeunes – elle a rejoint cette unité en 1998, mais également la plus vénérable. Car si la fondation de l'IRHT a précédé de deux ans celle du CNRS, notre section de lexicographie existait avant l'IRHT, et sous les auspices de l'Union académique internationale, elle s'achemine vers son premier centenaire.

Sur la porte, une plaque, marquée « Bureau Du Cange », annonce la saga qui va suivre : d'abord l'histoire d'un père fondateur, dont le nom est aujourd'hui synonyme de « latin médiéval » ; ensuite celle d'une famille nombreuse, les enfants de l'Europe scientifique moderne ; enfin le temps des mutations, généralisées, des moyens et des objectifs.

Charles Du Cange et le *Glossarium Mediae et Infimae Latinitatis*

Charles Du Fresne, sieur Du Cange, est né en 1610 à Amiens, où il s'est formé au collège des Jésuites (1619), avant de faire son droit à l'université d'Orléans (1628). Inscrit en 1631 au barreau de Paris, il rentre à Amiens en 1638 à l'occasion de son mariage, et y demeure jusqu'à sa mort en 1688 – sauf pendant la peste d'Amiens de 1669.

Ses biographes présentent le « Varron Français » comme un érudit infatigable, de jour comme de nuit, dont la fenêtre luit même pendant le couvre-feu. Lui sont attribuées plusieurs œuvres historiques, dont une *Histoire de l'empire de Constantinople* (1657), un *Traité historique du chef de saint Jean-Baptiste* (1665), une *Histoire de saint Louis* (1669), une *Histoire byzantine* (1680) ; et deux grandes entreprises lexicales : le

* Cette conférence prolonge les réflexions présentées sous le même titre à la 7ᵉ Conférence Internationale de Lexicographie et Lexicologie Historiques (ICHLL 2014), et publiées dans *Archivum Latinitatis Medii Aevi* 73, 2015, p. 297-308.

Fig. 1. – Charles Du Fresne Du Cange (source : Wikimedia Commons).

Glossarium ad scriptores mediæ et infimæ latinitatis (1678) et le *Glossarium ad scriptores mediæ et infimæ græcitatis* (1688).

Le *Glossarium Mediae et Infimae Latinitatis*[1] (désormais *Glossarium*) est un instrument proprement inclassable. Ce n'est pas et c'est à la fois : un glossaire, un dictionnaire et une encyclopédie ; certains articles sont démesurément longs, beaucoup sont absents ou très succincts (cf. fig. 2). Les vocables médiévaux sont décrits en latin dit « classique », avec une dose variable de langues vernaculaires, particulièrement en français ; la structure des articles n'est pas régulière, avec de nombreuses sous-entrées, qui rejettent autant de lemmes en dehors de la série alphabétique ; les citations de manuscrits ou d'éditions anciennes ne renvoient pas à un système de références bibliographiques normalisées.

Or sa consultation par un lecteur du XXIe siècle est encore compliquée par la juxtaposition de strates successives d'éditions augmentées (cf. fig. 3) : l'édition princeps (1678) en trois volumes de Charles Du Cange est d'abord portée à six volumes (1733-1736) par les Bénédictins de la congrégation de Saint-Maur, puis complétée (1766) par quatre volumes de suppléments de

---

1. Charles Du Fresne Du Cange, *Glossarium Medie et Infime Latinitatis*, Paris-Niort, 1678-1887 ; version électronique (libre) : http://ducange.enc.sorbonne.fr.

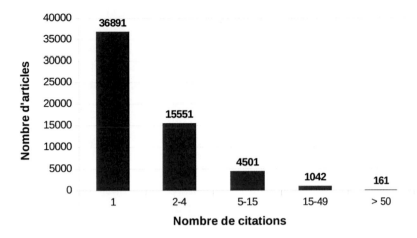

FIG. 2. – Dispersion des articles du *Glossarium*.

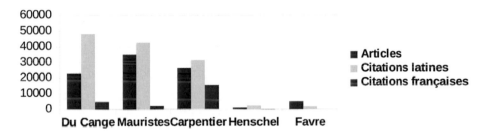

FIG. 3. Accroissement éditorial du *Glossarium* (1678-1887)

Pierre Carpentier (1697-1767) ; Louis Henschel fusionne les éditions chez Didot en huit volumes (1840-1850), que Léopold Favre reprend (1883-1887) dans une édition légèrement augmentée en dix volumes ; c'est aujourd'hui l'édition de référence.

Pour donner un aperçu de la forme que pouvait prendre un article du *Glossarium*, en ce jour anniversaire, nous aurions volontiers présenté le lemme OCTOGINTA (qui signifie « quatre-vingts »), s'il avait fait l'objet d'une entrée. Et le sort s'acharne, puisque l'ordinal OCTOGESIMUS fait également défaut... Pourtant, ce vocable existait assurément au Moyen-âge : on en trouve 1 500 occurrences dans 500 textes différents de la *Patrologie Latine* de Migne[2] (désormais *PL* ; cf. fig. 4).

---

2. Jacques-Paul Migne éd., *Patrologiae cursus completus... : Series Latina*, Paris, 1844-1864, 217 t. ; version électronique (commerciale) : http://pld.chadwyck.co.uk.

Par ailleurs, le *Glossarium* signale de nombreux mots numéraux : les cardinaux TRIGINTA, QUADRAGINTA ; les ordinaux QUINQUAGESIMUS, SEXAGESIMUS et SEPTUAGESIMUS. OCTOGINTA existe donc bel et bien, avec une signification qui n'est pas négligeable, et son absence du *Glossarium* ne marque rien d'autre que l'empirisme d'une entreprise lexicographique traditionnelle – et une information essentielle pour ses utilisateurs modernes.

Pour prendre un autre exemple, le début de l'article ANNIVERSARIUM (cf. fig. 5) s'ouvre sur un sous-lemme équivalent, ANNIVERSITAS, sorti de la nomenclature pour être traité dans le corps de cet article ; suit une première glose en latin, que l'on peut traduire ainsi : « Jour annuel, où l'on récite l'office des morts pour un défunt donné, au retour du jour de son décès » ; puis, une série de citations ; enfin, un ajout de l'édition Carpentier signalé par l'astérisque.

L'ensemble de l'article, avec une dizaine de sous-entrées, occupe près de deux colonnes, ce qui le place dans la troisième catégorie du graphique de la figure 2. On relèvera l'absence d'information morphologique ou de traduction, toutes deux caractéristiques des dictionnaires modernes.

L'UNION ACADÉMIQUE INTERNATIONALE ET LE *NOVUM GLOSSARIUM MEDIAE LATINITATIS*

À l'issue de la Première Guerre mondiale, l'Union académique internationale (désormais UAI, http://uai-iua.org/fr) est fondée en 1919, à l'initiative de l'Académie des Inscriptions et Belles-Lettres. Son premier président, Henri Pirenne, en fixe le siège à Bruxelles, à l'Académie royale des Sciences, des Lettres et des Beaux-Arts de Belgique. Selon ses statuts[3] (article 2) :

> « L'UAI a pour but la coopération internationale dans l'ordre des sciences humaines et sociales cultivées par les Académies et Institutions représentées en son sein, notamment par la création et la direction d'entreprises internationales visant un objet déterminé, ainsi que par la coordination d'activités rentrant dans le même ordre de sciences. »

Fédération d'une quinzaine de pays en 1920, l'UAI compte aujourd'hui plus de 60 pays membres.

Le « Dictionnaire du latin médiéval » est l'une des premières entreprises proposées à l'UAI dès 1920, pour reprendre un vœu de Ferdinand Lot auprès du Congrès international d'histoire (Londres, 1913). Il convenait de

---

3. Statuts adoptés à Bruxelles le 14/06/1955, modifiés à Buenos Aires le 28/05/2009 (http://uai-iua.org/fr/uai/status).

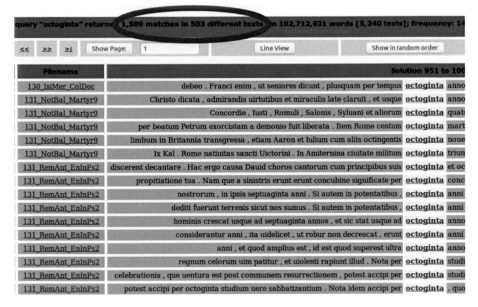

query "octoginta" returne 1,509 matches in 503 different texts n 102,712,931 words [5,240 texts]; frequency: 14

| << | >> | >I | Show Page: | 1 | | Line View | | Show in random order |

Filename	Solution 951 to 10
130_IsiMer_ColDec	debeo . Franci enim , ut seniores dicunt , plusquam per tempus **octoginta** anno
131_NotBal_Martyr9	Christo dicata , admirandis uirtutibus et miraculis late claruit , et usque **octoginta** anno
131_NotBal_Martyr9	Concordie , Iusti , Romuli , Salonis , Syluani et aliorum **octoginta** quat
131_NotBal_Martyr9	per beatum Petrum exorcistam a demonio fuit liberata . Item Rome centum **octoginta** mart
131_NotBal_Martyr9	limbum in Britannia transgressa , etiam Aaron et Iulium cum aliis octingentis **octoginta** noue
131_NotBal_Martyr9	Ix Kal . Rome natiuitas sancti Uictorini . In Amiternina ciuitate militum **octoginta** triun
131_RemAnt_EnInPs2	discerent decantare . Hac ergo causa Dauid choros cantorum cum principibus suis **octoginta** et oc
131_RemAnt_EnInPs2	propitiatione tua . Nam que a sinistris erunt erunt concubine significate per **octoginta** conc
131_RemAnt_EnInPs2	nostrorum , in ipsis septuaginta anni . Si autem in potentatibus , **octoginta** anni
131_RemAnt_EnInPs2	dediti fuerunt terrenis sicut nos sumus . Si autem in potentatibus , **octoginta** anni
131_RemAnt_EnInPs2	hominis crescat usque ad septuaginta annos , et sic stat usque ad **octoginta** anno
131_RemAnt_EnInPs2	considerantur anni , ita uidelicet , ut robur non decrescat , erunt **octoginta** anni
131_RemAnt_EnInPs2	anni , et quod amplius est , id est quod superest ultra **octoginta** anno
131_RemAnt_EnInPs2	regnum celorum uim patitur , et uiolenti rapiunt illud . Nota per **octoginta** studi
131_RemAnt_EnInPs2	celebrationis , que uentura est post communem resurrectionem , potest accipi per **octoginta** studi
131_RemAnt_EnInPs2	potest accipi per octoginta studium uere sabbatizantium . Nota idem accipi per **octoginta** , quo

FIG. 4. – Concordance du lemme OCTOGINTA (PL).

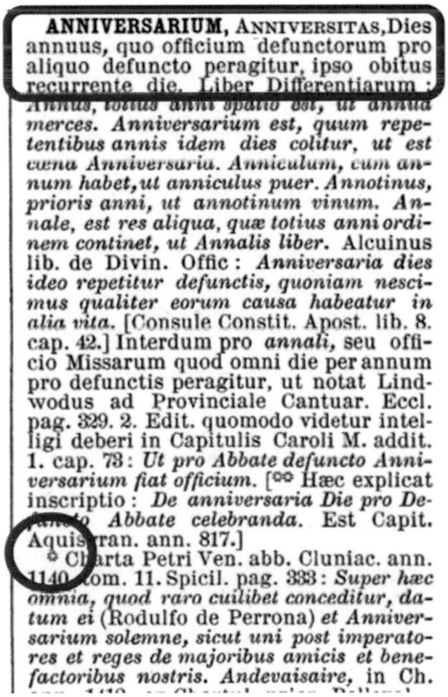

ANNIVERSARIUM, ANNIVERSITAS,Dies
annuus, quo officium defunctorum pro
aliquo defuncto peragitur, ipso obitus
recurrente die. Liber Differentiarum :
Annus, totius anni spatio est, ut annua
merces. Anniversarium est, quum repe-
tentibus annis idem dies colitur, ut est
cœna Anniversaria. Anniculum, cum an-
num habet,ut anniculus puer. Annotinus,
prioris anni, ut annotinum vinum. An-
nale, est res aliqua, quæ totius anni ordi-
nem continet, ut Annalis liber. Alcuinus
lib. de Divin. Offic : *Anniversaria dies*
ideo repetitur defunctis, quoniam nesci-
mus qualiter eorum causa habeatur in
alia vita. [Consule Constit. Apost. lib. 8.
cap. 42.] Interdum pro *annali*, seu offi-
cio Missarum quod omni die per annum
pro defunctis peragitur, ut notat Lind-
wodus ad Provinciale Cantuar. Eccl.
pag. 329. 2. Edit. quomodo videtur intel-
ligi deberi in Capitulis Caroli M. addit.
1. cap. 73 : *Ut pro Abbate defuncto Anni-*
versarium fiat officium. [∞ Hæc explicat
inscriptio : *De anniversaria Die pro De-*
ncto Abbate celebranda. Est Capit.
Aquisgran. ann. 817.]
  ⊕ Charta Petri Ven. abb. Cluniac. ann.
1140 tom. 11. Spicil. pag. 333 : *Super hæc*
omnia, quod raro cuilibet conceditur, da-
tum ei (Rodulfo de Perrona) *et Anniver-*
sarium solemne, sicut uni post imperato-
res et reges de majoribus amicis et bene-
factoribus nostris. Andevaisaire, in Ch.

FIG. 5. – ANNIVERSARIUM (*Glossarium*).

remplacer le *Glossarium* de Charles Du Cange par un instrument moderne, tenant compte des nombreuses sources rendues accessibles par le grand mouvement d'édition critique du XIXᵉ siècle. Il s'agissait aussi de doter les historiens d'un instrument scientifique, équivalant au *Thesaurus Linguae Latinae* pour le latin antérieur à Isidore de Séville, en cours de rédaction à Munich depuis 1899[4]. La coordination du projet de l'UAI fut confiée au « Comité Du Cange », qui regroupe aujourd'hui, auprès de l'Académie des Inscriptions et Belles-Lettres : la rédaction du *Novum Glossarium Mediae Latinitatis*[5] (désormais *Novum Glossarium*), dictionnaire international du latin médiéval dirigé par Mᵐᵉ Anita Guerreau-Jalabert ; et la rédaction de la revue *Archivum Latinitatis Medii Aevi*[6], associée dès l'origine au dictionnaire, et dirigée par Mᵐᵉ Anne-Marie Turcan-Verkerk.

Dans un premier temps, chaque Académie membre devait dresser la liste des textes qu'elle se chargerait de faire dépouiller : en principe, les textes écrits sur leur territoire « national », qu'ils soient édités ou non. Mais entre 1920 et 1957, année de parution du premier fascicule du *Novum Glossarium*[7], le projet collectif a évolué. Pour des raisons pratiques, les dépouillements pour le dictionnaire international ont été limités aux textes édités (à l'exclusion des textes manuscrits), et produits entre 780 et 1220 ; cette décision, qui rendait inutile une partie des dépouillements déjà effectués, a conduit la plupart des pays membres à lancer la rédaction complémentaire de dictionnaires « nationaux », aux frontières chronologiques autonomes, et susceptibles de rendre compte, dans la mesure des besoins, de leur documentation manuscrite[8]. En conséquence, il fut décidé d'entamer la

---

4. Yves Lefèvre, « Les dictionnaires du latin médiéval et l'Union académique internationale », *Comptes rendus des Séances de l'Académie des Inscriptions et Belles-Lettres* 1975, fasc. III (juillet-oct.), p. 402-414.

5. Franz Blatt, Yves Lefèvre, Jacques Monfrin, François Dolbeau et Anita Guerreau-Jalabert (dir.), *Novum Glossarium Mediae Latinitatis*, Copenhague-Bruxelles-Genève, 1957-2015 (dernier fascicule paru : *Pleguina-Polutus*) ; version électronique (libre) : http://www.glossaria.eu/ngml.

6. *Archivum Latinitatis Medii Aevi (Bulletin Du Cange)*, Bruxelles, 1924-2018 ; version électronique (libre) : http://documents.irevues.inist.fr/handle/2042/751.

7. La longue campagne de dépouillements lexicographiques, plus ou moins bénévole selon les pays, a occupé l'essentiel de l'entre-deux guerres.

8. Par ordre alphabétique (l'astérisque signale les instruments achevés) : Allemagne – Paul Lehmann, Helmut Gneuss et Peter Stotz (dir.), *Mittellateinisches Wörterbuch bis zum ausgehenden 13. Jahrhundert*, Munich, 1959-2018 ; Bohême – Zuzana Silagiová et Pavel Nývlt (dir.), *Latinitatis Medii aevi Lexicon Bohemorum*, Prague, 1977-2011 ; Castille-León – Maurilio Pérez González (dir.), *Lexicon Latinitatis medii aevi regni Legionis imperfectum*, Turnhout, 2010 ; Catalogne – Mariano Bassols de Climent, Joan Bastardas Parera et Pere J. Quetglas, *Glossarium Mediae Latinitatis Cataloniae*, Barcelone, 1960-2006 ; *Danemark

FIG. 6. – Chronologie des dictionnaires de l'UAI.

Dictionnaires	Publication	Numérisation	Lien
EU	L – P	L – P (2018)	http://glossaria.eu
UK	A – Z	A – Z (2018)	http://dmlbs.ox.ac.uk
PL	A – S	A – Q (2018)	http://scriptores.pl
CZ	A – M	A – H (2018)	http://lb.ics.cas.cz
CT	A – G	A (2013)	http://gmlc.imf.csic.es
NL – SE | DE	A – Z | A – I	-	-

FIG. 7. – Avancement des dictionnaires de l'UAI.

rédaction du dictionnaire international par la lettre L, au milieu de l'alphabet, pendant que l'ensemble des dictionnaires nationaux commençaient au début (cf. fig. 6). Enfin, tout en conservant son aspect universel, le *Novum Glossarium* se concentra néanmoins *de facto* sur les zones et périodes non couvertes par les dictionnaires nationaux, et particulièrement sur la France[9].

De 1957 à la fin du siècle dernier, une vingtaine de fascicules du *Novum Glossarium* ont paru, couvrant les lettres L à O et le début de P (cf. fig. 7).

– Otto Steen Due et Peter Terkelsen éd., *Lexicon Mediae Latinitatis Danicae*, Aarhus, 1987-2015 ; *Finlande – Reino Hakamies, *Glossarium Latinitatis Medii aevi Finlandicae*, Helsinki, 1958 ; *Grande-Bretagne – Ronald Edward Latham, David Robert Howlett et Richard Ashdowne éd., *Dictionary of Medieval Latin from British Sources*, Oxford, 1975-2013 ; Hongrie – Iván Boronkai et Kornél Szovák, *Lexicon Latinitatis Medii aevi Hungariae*, Budapest, 1983-2013 ; Irlande – Anthony Harvey, *The Non-Classical Lexicon of Celtic Latinity*, Dublin-Turnhout, 1979-2005 ; Italie – Francesco Arnaldi et Pasquale Smiraglia, *Latinitatis Italicae Medii aevi Lexicon imperfectum*, Bruxelles, 1970 (2ᵉ éd. Florence, 2001) ; *Pays-Bas – Johanne W. Fuchs, Olga Weijers et Marijke Gumpert-Hepp (éd.), *Lexicon Latinitatis Nederlandicae Medii aevi*, Amsterdam-Leyde, 1977-2006 ; Pologne – Marian Plezia, Krystyna Weyssenhoff-Brożkowa et Michał Rzepiela éd., *Lexicon Mediae et Infimae Latinitatis Polonorum*, Varsovie-Cracovie, 1958-2014 ; *Suède – Ulla Westerbergh et Eva Odelman, *Glossarium Mediae Latinitatis Suediae*, Stockholm, 1968-2002 ; *Yougoslavie – Marko Kostrenčić, *Lexicon Latinitatis Medii aevi Iugoslaviae*, Zagreb, 1969-1978.

9. Chargée du *Novum Glossarium*, la France a suspendu *sine die* son projet de dictionnaire français du latin médiéval.

Sous la responsabilité d'un membre de l'AIBL, une petite équipe du CNRS partageait son temps entre rédaction des articles et accumulation du matériel lexicographique, sous forme de fiches cartonnées. Sans moyens particuliers, le dépouillement systématique d'une dizaine de milliers de références bibliographiques était absolument hors de portée. La question était donc tranchée à peu près ainsi : « On relèvera les occurrences qui semblent intéressantes, par leur graphie ou leur emploi. » Dans ce contexte d'empirisme généralisé, l'arrivée des bases de données textuelles suscita de grands espoirs : le dépouillement « exhaustif », fantasme de la lexicographie historique, semblait à portée de clic.

Depuis 1998, le « Comité du Cange » n'a pas ménagé ses efforts pour tenter de compenser l'écart entre ses objectifs et ses moyens. Le traitement de texte s'est généralisé, de la rédaction des articles aux dépouillements lexicographiques. Mais au moment d'exploiter ces derniers, il fallut se rendre à l'évidence : un paquet de fiches lexicographiques n'est utilisable que sur un support facile à classer, à déplacer, à empiler, bref, quelque chose qui ressemble à du papier. Leur consultation occasionnelle peut se faire en ligne, pas leur utilisation pour rédiger un dictionnaire. Or la difficulté est la même pour les occurrences issues des bases de données textuelles, principalement commerciales et figées dans des interfaces d'abord conçues pour la recherche des sources : sans traitement possible des données lexicales en masse, seuls les mots les moins fréquents peuvent être exploités manuellement – et seulement en complément des fichiers traditionnels (cf. fig. 8).

Dans ces conditions – et heureusement pour cet exposé – le *Novum Glossarium* fait mieux que le *Glossarium* de Du Cange pour les deux lemmes OCTOGINTA et OCTOGESIMUS, dont il rend compte, avec la plupart des informations morphologiques et bibliographiques requises[10] :

> **octoginta** *formes :* hoctoaginta : COD. Caiet. I 108 p. 206 (a. 1002). octaginta : DIPL. Bereng. I 92 p. 246, 16 (a. 913). octoaginta : COD. Caiet. I 61 p. 115 (a. 962). *quatre-vingts* **1** *en général :* HRABAN. univ. 18, 3 col. 493^C : septuaginta et -a ad figuram legis et evangelii simul pertinent. THIETM. 1, 12 p. 16 : -a annos. CARM. de litt. 18 : -a facit numerum que dicitur R. GUILL. DAND. Hugon. Lacerta 50 col. 1214^D : vixit … annis -a sex. **2** *en composition avec* d e c e m, *quatre-vingt-dix :* CARTUL. Carit. 56 p. 137 : -a et decem libris Nivernensis monete. *v.* octuaginta.
>
> **octogesimus**, -a, -um *formes :* hoctogesimus : CARTUL. Imol. I 17 p. 44 (a. 1085). octagesimus : DIPL. Bel. III p. 346 (spur. 1186). octogessimus : CARTA a. 1042 (Muñoz y Romero, Colecc. fueros p. 190). ottogesimus : CARTUL.

---

10. *Novum Glossarium* (cf. *supra*, n. 5), fascicule *O-Ocyter*, col. 305, 31-52.

FIG. 8. – OCTOGINTA dans la *PL* (champs de recherche, nombre d'occurrences).

Calmos. p. 138 (a. 1180). *quatre-vingtième* : RUOTG. COL. 5 p. 6 : centesimo -o octavo lustro. GESTA Franc. expugn. Hier. 31 p. 510 : trecentesimo -o sexto anno post Passionem Christi. ACTA Pont. 101 p. 145, 9 (a. 1180-81) : anno Domini MC -o. *v.* octuagesimus.

Mais avec respectivement huit et sept occurrences, dont de nombreuses variantes graphiques[11], il ne permet de tirer aucune conclusion sur la fréquence d'emploi des deux vocables, qui pourraient passer pour relativement rares, alors qu'ils sont attestés respectivement 1 500 et 600 fois dans la *PL*. Quant à l'analyse sémantique, elle reste pour le moins particulièrement sommaire...

LE TEMPS DES MUTATIONS

La numérisation rétrospective représente la première grande opération du « Comité Du Cange » en humanités numériques. Celle du *Glossarium* de Du Cange (http://ducange.enc.sorbonne.fr), en collaboration avec l'École nationale des chartes (désormais ENC), permet désormais l'exploitation

---

11. Les variantes OCTUAGINTA et OCTUAGESIMUS, qui n'auraient pas dû être traitées séparément (fascicule *O-Ocyter*, col. 309-310), comptent respectivement 13 et 16 attestations, essentiellement graphiques.

inédite d'un instrument ancien, mais non remplacé, dans son édition de référence. Numérisation et encodage XML-TEI, multiplication des accès (par lemme, définition, forme, référence), codage minimum (pour différencier texte médiéval et glose moderne), table algorithmique de remplacement (avec recherche tronquée ou limitée) pour contourner le problème majeur des variations graphiques, en font un véritable best-seller du site internet de l'ENC – sans compter la possibilité de télécharger les fichiers sources.

À l'heure actuelle, la numérisation rétrospective du *Novum Glossarium* (http://glossaria.eu/ngml) n'est encore qu'un reflet inachevé de celle du *Glossarium*, tant en raison de son implication au cœur d'un réseau international, qu'à cause de son caractère de « travail en cours »[12]. Elle ne peut, en effet, être dissociée des perspectives de rédaction nativement numérique, liées à un nouveau calendrier de rédaction des notices, libéré de la contrainte de l'alphabet – mais qui soulèvent *ipso facto* la question non résolue du devenir de la publication imprimée. En revanche, celle de l'*Index Scriptorum* du *Novum Glossarium* (http://glossaria.eu/scriptores) est nettement plus aboutie[13]. Transformée en base de données SQL, la liste des sources du dictionnaire international devient un répertoire bibliographique de la production médiolatine des années 800-1200.

Dans les dernières années, plusieurs collaborations officielles ont permis de faire avancer les réflexions de la section de lexicographie de l'IRHT : d'une part, le projet ANR OMNIA (Outils et Méthodes numériques pour l'interrogation et l'analyse des textes médiolatins, 2009-2013) a réuni l'ENC, l'IRHT et l'Université de Dijon autour de la double numérisation rétrospective évoquée précédemment, et du développement d'outils d'analyse lexicale adaptés au latin médiéval ; d'autre part, les projets européens COST « Medioevo Europeo » (2011-2015) et « ENeL » (Réseau Européen de Lexicographie électronique, 2013-2017) ont soutenu la réactivation du réseau international de lexicographie médiolatine de l'UAI dans un cadre collaboratif, particulièrement autour des équipes catalane, française, polonaise et tchèque.

L'avenir proche du *Novum Glossarium* pourrait s'inscrire dans le prolongement des deux prototypes complémentaires construits dans ce cadre. En premier lieu, le portail « Medialatinitas » se présente comme un

---

12. À titre de comparaison, la numérisation du dictionnaire polonais du latin médiéval (cf. *supra*, n. 8), qui a bénéficié d'un financement spécifique du ministère de la Recherche de ce pays, en permet une consultation déjà très avancée : http://scriptores.pl/elexicon.

13. *Index Scriptorum novus mediae latinitatis*, Copenhague, 1973, complété par : Bruno Bon, *Index Scriptorum novus mediae latinitatis : Supplementum (1973-2005)*, Genève, 2005.

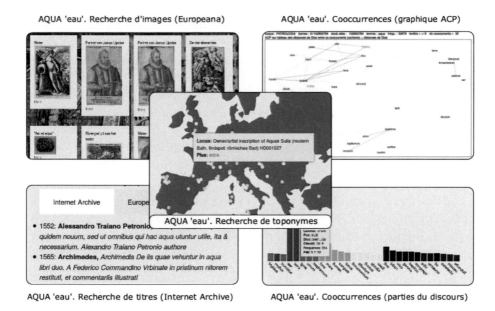

FIG. 9. – Le portail « Medialatinitas ».

environnement de travail pour le latin médiéval (http://medialatinitas.eu ;
cf. fig. 9), sous forme d'une application réunissant sur une même page tous
les types d'information susceptibles de renseigner l'utilisateur, à partir
d'une forme ou d'un mot[14] : données lexicales, grammaticales, textuelles,
iconographiques, chronologiques, géographiques, typologiques, etc.
Ensuite, l'encyclopédie interactive du latin médiéval « Wiki-Lexicographica » (http://scriptores.pl/wiki) est destinée à réunir plusieurs dictionnaires
de l'UAI, généralement inachevés, autour du *Glossarium* de Du Cange,
du « Wiktionnaire » latin, et d'autres instruments lexicographiques. Cette
encyclopédie permettrait également de proposer, au moins provisoirement,
publication et pré-publication numériques[15].

Mais l'urgence, autour de laquelle la plupart de nos collègues se
rejoignent, est de pouvoir enfin exploiter à leur juste valeur les données
lexicales des corpus textuels numérisés (cf. fig. 10). Les contre-exemples

14. Krzysztof Nowak, Bruno Bon et Renaud Alexandre, « Medialatinitas : Pour une
intégration superficielle de ressources textuelles et lexicales en latin », in *JADT 2016 :
Journées internationales d'Analyse statistique des Données Textuelles*, Nice, 2016, https://
jadt2016.sciencesconf.org/83647.

15. Bruno Bon et Krzysztof Nowak, « Pour une encyclopédie interactive du latin
médiéval : le "Semantic Web" au service de la lexicographie médiolatine », *Archivum
Latinitatis Medii Aevi* 70, 2012, p. 355-359.

commerciaux sont nombreux, qui proposent des outils très faibles, en latin comme en français ; faibles pour la recherche de sources, sans doute, mais que dire de la sémantique, la plupart des requêtes se faisant sur les formes brutes, avec troncature et proximité ? Dépasser les procédures empiriques, où l'on ne trouve (éventuellement) que ce que l'on cherche, suppose une bonne annotation des textes, et la mise à disposition d'outils de statistique lexicale : c'est l'objectif du projet ANR VELUM (Visualisation, exploration et liaison de ressources innovantes pour le latin médiéval, 2018-2022 ; http:// glossaria.eu/velum), qui encadrera la plupart des activités de la section dans les années qui viennent.

Nous prévoyons de rassembler un corpus de cent millions de mots, représentant tous les genres textuels majeurs de la culture médiévale, entre la fin du VIIIᵉ et le début du XIIIᵉ siècle, période où le latin était encore relativement homogène, avant le développement des universités et de la scolastique. Pour la recherche diachronique, nous y ajouterons trois corpus complémentaires, de cinq millions de mots chacun : un corpus du latin antique, un corpus patristique, et un corpus scolastique (cf. fig. 11). La sélection des textes suppose une analyse approfondie de la bibliographie et des éditions disponibles, pour laquelle nous mettrons à profit les listes de sources des dictionnaires médiolatins de l'UAI, à commencer par l'*Index Scriptorum* du *Novum Glossarium*.

Nous rassemblerons tous les textes accessibles numériquement, en donnant la priorité aux formats interopérables : la reconnaissance optique des caractères et le nettoyage automatique des erreurs répétitives concerneront tous les textes, quelle qu'en soit la qualité initiale. L'encodage XML-TEI des métadonnées textuelles (auteur, titre, date, etc.) précédera les procédures de vérification de la représentativité du corpus.

Mais une analyse statistique efficace suppose une bonne annotation linguistique du corpus textuel : la considérable variabilité graphique et morphologique du latin médiéval pose un problème généralement assez simple à résoudre pour un lecteur, mais impossible à surmonter pour un ordinateur. La lemmatisation est donc l'annotation linguistique la plus importante pour les textes médiolatins ; pour associer, au fil du texte, la forme et son lemme, nous utiliserons les paramètres « Omnia » pour TreeTagger[16], qui permettront d'annoter en même temps les parties du discours (PoS), pour des requêtes grammaticales et syntaxiques. S'y ajoutera l'encodage

---

16. Paramètres développés dans le cadre de l'ANR OMNIA (http://glossaria.eu/outils/ lemmatisation) pour le logiciel de marquage morphosyntaxique TreeTagger (http://www.cis. uni-muenchen.de/~schmid/tools/TreeTagger).

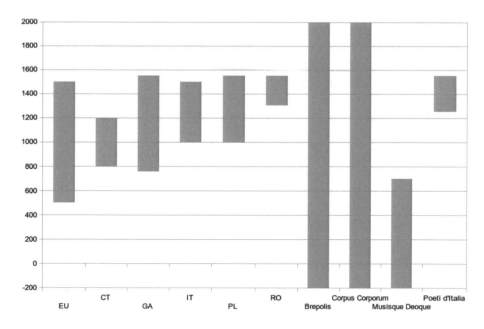

FIG. 10. – Amplitude chronologique des corpus textuels.

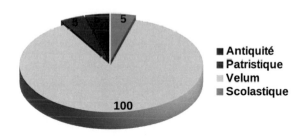

FIG. 11 : Le corpus de VELUM (en millions de mots).

des noms propres au moyen d'algorithmes de reconnaissance des entités nommées, mis en correspondance avec des ressources externes, clusters et autres bases de données[17] ; pour les toponymes, l'utilisation de coordonnées géographiques étant, dans une certaine mesure, étrangère à la conception

17. Voir, par exemple, les sites : http://viaf.org, http://www.getty.edu, http://orbis-latinus. geog.uni-heidelberg.de.

de l'espace médiéval, une annotation floue serait sans doute plus pertinente qu'une localisation précise.

Nous adopterons des outils existants, en profitant des logiciels libres et de leurs communautés d'utilisateurs : les requêtes se feront sur une plate-forme locale « CQPWeb », dont les nombreuses fonctions intégrées affichent facilement le contexte linguistique, les fréquences ou les cooccurrences, et permettent aux utilisateurs de compiler leurs propres jeux de données[18]. Mais le développement récent des technologies embarquées devrait nous conduire à prévoir également la diffusion d'une instance du moteur « NoSketchEngine » dans un conteneur de type « Docker »[19]. Issue d'une fonction intégrée de la plate-forme « CQPWeb », la table des cooccurrents d'OCTOGINTA (cf. fig. 12) permet ainsi d'afficher les lemmes qui se trouvent le plus souvent dans l'entourage du mot pivot. Pour retenir les cooccurrents les plus pertinents, indépendamment de leur fréquence dans l'ensemble du corpus, les valeurs absolues sont pondérées par divers coefficients, dont celui de Dice[20].

Lemme	Total dans le corpus	Fréquence attendue	Fréquence observée	Nombre de textes	Coefficient de Dice
centum	7 076	0.624	257	148	0.06
concubina	1 740	0.153	73	48	0.044
quadringenti	1 244	0.11	51	32	0.037
ducenti	2 212	0.194	54	33	0.029
mille	18 683	1.647	279	136	0.028
potentatus	365	0.032	24	21	0.026
quinque	15 733	1.387	182	108	0.021
trecenti	2 563	0.226	39	16	0.019
octo	6 737	0.594	76	57	0.018
circiter	943	0.083	21	20	0.017
latomus	102	0.009	12	11	0.015
regina	7 825	0.688	59	42	0.013
octingenti	290	0.026	12	9	0.012

Fig. 12. – Cooccurrents du lemme OCTOGINTA (PL).

18. Andrew Hardie, « CQPweb – Combining Power, Flexibility and Usability in a Corpus Analysis Tool », International Journal of Corpus Linguistics 17 (3), 2012, p. 380-409.

19. Pavel Rychlý, « Manatee/Bonito – A Modular Corpus Manager », in First Workshop on Recent Advances in Slavonic Natural Language Processing, Brno, Masaryk University, 2007, p. 65-70 ; https://nlp.fi.muni.cz/trac/noske.

20. Stefan Evert, The Statistics of Word Cooccurrences: Word Pairs and Collocations, Dissertation, Institut für maschinelle Sprachverarbeitung, University of Stuttgart, 2004 ; http://www.stefan-evert.de/publications.html.

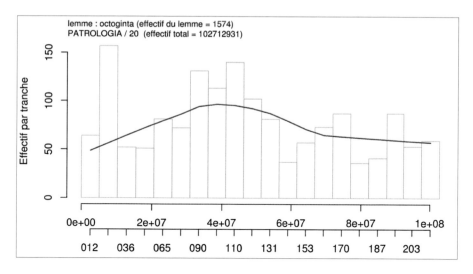

FIG. 13. – Distribution du lemme OCTOGINTA (PL).

Mais l'architecture CWB-CQP n'est qu'un point de départ pour un traitement ultérieur des données dans un logiciel statistique comme R[21] : le paquet « rcqp » utilise son interface de programmation applicative (API) pour l'analyse statistique de la sortie de la requête CQP[22]. Les membres du programme ANR OMNIA ont développé le prototype d'un ensemble de scripts pour l'analyse lexicale du latin médiéval. Ainsi, la distribution du lemme OCTOGINTA au fil des volumes de la *Patrologie Latine* peut en donner une première indication chronologique (cf. figure 13).

Par ailleurs, une projection de l'analyse factorielle des cooccurrents du lemme OCTOGINTA peut permettre de repérer des ensembles, autrement dit des contextes d'emploi du mot pivot. La présence de lemmes inattendus est souvent due à l'influence de la Vulgate ; en l'occurrence, la proximité des lemmes CONCUBINA et REGINA avec OCTOGINTA se retrouve dans le verset 6, 7 du Cantique des Cantiques :

> *Sexaginta sunt regine, et octoginta concubine, et adolescentularum non est numerus.*

Enfin, l'analyse généralisée des cooccurrences, ou sémantique distributionnelle, rapproche les vocables par leur contexte d'emploi, en

---

21. R Core Team, *R: A Language and Environment for Statistical Computing*, Vienne, 2015 ; http://www.r-project.org.

22. Bernard Desgraupes et Sylvain Loiseau, *Rcqp: Interface to the Corpus Query Protocol*, 2012.

DSM d'origine : plsdsm (matrice de 24078 sur 15377). 30 éléments.
STRUCTURE GLOBALE DU CHAMP SÉMANTIQUE

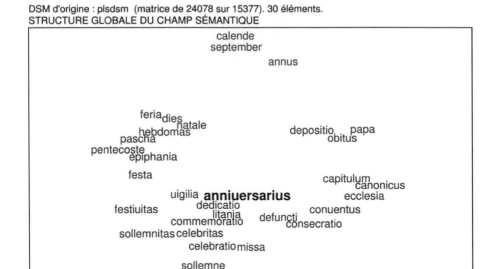

FIG. 14. – Analyse statistique du lemme ANNIVERSARIUS (PL).

faisant apparaître des rapports de synonymie ou d'antonymie[23]. Chaque mot est associé à la série de ses coefficients de cooccurrence avec les autres mots du corpus. Il peut donc être représenté comme un vecteur, dont les groupes s'opposent en fonction de leurs associations respectives. Là encore, l'observation attentive d'une projection de l'analyse factorielle peut permettre de repérer des ensembles significatifs : la figure 14 montre les substantifs de la *Patrologie Latine* dont le comportement se rapproche le plus du lemme ANNIVERSARIUS.

Les outils d'interrogation de « Medialatinitas » et de « Velum » sont une condition préalable à une analyse renouvelée des sources latines de l'histoire médiévale : l'interrogation simultanée de tous les textes révélera des liens entre les mots et les structures sémantiques ; l'indexation et la visualisation des personnes et des lieux bénéficieront à notre connaissance générale du Moyen Âge ; l'analyse spatio-temporelle des auteurs et des œuvres du corpus devrait confirmer les principaux pôles de la création intellectuelle, et leur évolution ; le corpus permettra de construire un système de description pertinent des sources médiévales.

23. Stefan Evert, « Distributional Semantics in R with the Wordspace Package », in *Proceedings of COLING 2014, The 25th International Conference on Computational Linguistics*, Dublin, 2014, p. 110-114, http://anthology.aclweb.org/C/C14/C14-2024.pdf ; http://wordspace.r-forge.r-project.org.

L'analyse des écrits anciens avec une terminologie moderne est délicate : la plupart des termes que nous employons pour décrire les « auteurs » ou les « œuvres » manquent d'équivalent dans l'Europe médiévale ; comment classer les auteurs et les textes médiévaux sans tomber dans l'anachronisme ? Pour répondre à des questions telles que « qui a écrit quoi, quand et où ? », nous faisons l'hypothèse que l'interrogation du corpus entier des sources médiévales permettra de repérer des critères d'attribution et de localisation pertinents, qui pourraient modifier l'apparence de la bibliographie du millénaire médiéval.

Bruno BON

ALLOCUTION D'ACCUEIL

Je suis supposé, comme toujours en de telles circonstances, prononcer un mot d'accueil. Je ne prononcerai pas de vrai « mot d'accueil ». D'abord parce que, bien que n'ayant jamais, à strictement parler, fait partie de l'IRHT, j'ai tout de même l'impression de faire partie de la famille et en l'accueillant de m'accueillir moi-même. Ensuite, parce que c'est la troisième fois en trois mois que je suis invité à me livrer à un exercice d'éloge de l'IRHT, après le Livre d'Or et la remise à la base Jonas du Prix Prince Louis de Polignac à la Fondation Singer-Polignac et en présence de S.A.S. le prince Albert de Monaco. On se lasse des meilleures choses et la matière la plus riche finit par s'épuiser. Enfin, nous sommes presque tous ici tellement liés à l'IRHT, d'une façon ou d'une autre, personnellement, professionnellement, voire conjugalement, que l'exercice a quelque chose d'artificiel. L'Académie des Inscriptions et Belles-Lettres accueillant l'Institut de recherche et d'histoire des textes, c'est un dimanche en famille.

Si je n'ai pas à prononcer de mot d'accueil, j'ai à prononcer un mot d'excuse. Je n'étais pas là ce matin. Je n'ai pas présidé la séance comme il avait été annoncé. Tout le monde, il est vrai, y a gagné, puisque ce sont deux anciens directeurs de l'IRHT qui s'en sont chargés. Mais j'y ai perdu, puisque j'ai manqué les communications : comme disait Jacques Le Goff dans ce genre de circonstance, je suis le seul puni.

L'IRHT est une institution magnifique. La recherche et l'histoire des textes sont la pratique même de l'histoire. L'histoire des sources est la source de l'histoire. L'IRHT est la démonstration que les « disciplines chartistes », comme on dit, les disciplines auxiliaires de l'histoire, ne sont auxiliaires de rien du tout, mais que ce sont elles qui constituent l'histoire en discipline scientifique. Cette démonstration, l'IRHT l'administre à partir du double constat, d'une part que ces disciplines sont efficaces à condition de faire constamment appel à la modernité et d'autre part qu'il n'y a pas de différence entre faire de la recherche et être au service des chercheurs. Avouons le : tous autant que nous sommes, chaque fois que nous sommes dans un jury de thèse, nous assurons le candidat que son travail rendra de grands services aux chercheurs, même quand nous nous sommes persuadés in petto que personne n'en tirera jamais rien. S'agissant de l'IRHT, ce n'est pas un vœu pieux. Voilà une institution qui a été créée pour rendre service aux chercheurs et qui n'a de sens que si elle le fait.

Tel était le projet de Félix Grat. L'IRHT a été créé en 1937 par cet historien du Moyen Âge, mais aussi homme politique et homme courageux. Il a réussi à se battre avant d'en avoir l'âge (il était né à la fin de 1898) pendant la Première Guerre mondiale et il a réussi à se battre alors qu'il en avait passé l'âge pendant la Seconde : il est mort à la tête d'un corps franc le 13 mai 1940. Entre temps, il avait été élu député de la Mayenne en 1936. Bien que siégeant dans l'opposition au Front populaire, il sut persuader Jean Perrin, sous-secrétaire d'État à la recherche scientifique dans le gouvernement de Léon Blum, de créer un institut de recherche et d'histoire des textes, qui étudierait les sources manuscrites et les textes en utilisant les techniques modernes de reproduction de façon à fournir aux chercheurs une « bibliothèque idéale ». Lui-même, constatant que l'Espagne regorgeait de manuscrits inexplorés, contenant en particulier des œuvres antiques, y avait longuement voyagé avec sa femme dans les années 20 et en avait rapporté plus de 1 600 photographies, prémisses de ce que pouvait être l'IRHT, bientôt intégré au jeune CNRS, dont il est devenu le laboratoire le plus important dans le domaine des sciences humaines et sociales. Après la mort de Félix Grat, l'IRHT a été dirigé de 1940 à 1964 par Jeanne Vielliard, dont la conduite pendant l'Occupation fut héroïque. Je ne rappelle ces faits que pour prévenir les remarques condescendantes sur la tour d'ivoire dans laquelle les érudits dissimuleraient leur poussière.

Depuis quatre-vingts ans, l'IRHT est fidèle au programme de Félix Grat : étudier les manuscrits et les textes anciens grâce à la pratique rigoureuse des disciplines chartistes jointe au recours aux techniques modernes de reproduction, hier les photographies et les microfilms, aujourd'hui la numérisation et les répertoires en ligne.

Je ne vais évidemment pas vous expliquer l'IRHT ni vous en énumérer les sections comme les litanies des saints. Plus proche de la litanie des saints serait la liste de ses directeurs : Jean Glénisson, Louis Holtz, Jacques Dalarun, Nicole Bériou, François Bougard. Lorsque j'ai commencé à fréquenter la maison, Jeanne Vielliard avait quitté la fonction l'année précédente. On la trouvait discrètement installée dans la bibliothèque, rayonnant comme malgré elle de bienveillance, d'intelligence et de sobre distinction. M. de Montalembert n'était jamais bien loin. En haut, à la section romane, Mme de Lesdain, qui le 21 janvier portait le deuil de Louis XVI, faisait chauffer dans une petite bouilloire d'aluminium à résistance, merveille technologique des années 60, l'eau de son thé. Et voilà que tous les autres surgissent, dans le désordre et l'oubli injuste de la mémoire. Les maîtres : Edith Brayer, Jean Irigoin, Jacques Monfrin. Les proches : Claude de Tovar, à qui je dois d'avoir joué, enfant, ici même, sinon dans cette salle, du moins dans ce palais. Et puis tous les amis : Geneviève Hasenohr, Françoise Vielliard, Marie-Laure Savoye, Anne-Françoise Leurquin-Labie, Christine Ruby, le père Longère, et tant d'autres. Et les souvenirs : le *Dictionnaire des Lettres françaises – Le Moyen Âge*, pour lequel Geneviève Hasenohr et la section romane ont tant et si bien travaillé qu'on me traitait d'esclavagiste. Et la présence si précieuse de l'IRHT au Collège de France, dont le sens était si clair du temps d'André Miquel, de Gilbert Dagron, de Jean Irigoin.

Mais suis-je assez absurde de me laisser aller à l'incohérence de l'attendrissement alors que j'avais entrepris de vanter la modernité de l'institution ! Ce souci de la modernité des instruments de la recherche était à l'origine du projet. Il a été fidèlement maintenu, de la photothèque au numérique. Les grands programmes scientifiques sont nés d'une réflexion constante et savante sur la manière de mettre au service de la recherche dans nos disciplines les moyens toujours nouveaux de reproduction, d'archivage, de diffusion. Le prix prestigieux qui vient de récompenser la base Jonas, bien d'autres programmes de l'IRHT auraient pu le recevoir.

Ces programmes sont pour les chercheurs du monde entier une aide extraordinairement précieuse. Ils manifestent, comme les stages sur les manuscrits et comme tant d'autres initiatives, que l'IRHT est tout à la fois une institution de recherche et de services aux chercheurs. La pénurie des postes rend difficile le maintien de cette seconde mission. Mais, par un cercle vicieux, si l'IRHT ne l'assure pas, sa spécificité et sa raison d'être disparaissent. Il doit rester ce havre des chercheurs français et étrangers qui s'y sentent accueillis et guidés, qui y apprennent tout simplement en étant là. La désinvolture de certains lecteurs ou chercheurs, leur tendance à penser que les personnes qui les accueillent sont à leur service, leur mauvaise éducation en un mot, dont les personnels de l'IRHT souffrent parfois, ne doivent pas les détourner de cette mission.

Personne, je crois, n'a jamais mieux fait comprendre cette situation que Nerval dans *Angélique*. À propos des conservateurs de la Bibliothèque nationale, il montre avec subtilité la grandeur et la servitude de ces fonctions où de grands savants sont au service des ignorants.

Le contexte d'*Angélique* est celui de l'amendement Riancey (1850), qui taxait les journaux publiant des romans-feuilletons, avec pour conséquence que les journaux ne voulaient plus publier que des romans historiques, qui échappaient à la taxe. Si on enlève d'*Angélique* l'accessoire, c'est-à-dire l'histoire d'Angélique, il reste l'essentiel : Nerval cherche dans les bibliothèques un livre rare, l'*Histoire de l'abbé de Bucquoy*, dont il a vu un jour un exemplaire à Francfort et qui pourrait lui fournir la matière d'un roman historique. En attendant qu'il l'ait trouvé, son vrai sujet est la peinture de ces bibliothèques, le portrait de leurs conservateurs, les réflexions sur leur fonctionnement, le récit des démarches qu'il y fait – le tout avec le mélange de laconisme et de digressions qui fait son charme. Il ressort de tout cela que les bibliothèques sont généralement fermées. Ouvertes, elles sont encombrées de lecteurs qui n'auraient nul besoin de les fréquenter et n'y lisent que des fadaises, quand ils ne volent pas les livres. On y trouve une multitude de choses, mais rarement ce qu'on cherche. Les conservateurs sont d'une complaisance et d'un dévouement inlassables, au point qu'il est presque choquant de voir ces grands savants se consacrer avec une patience sans limites à un public qui n'en mérite pas tant :

> « Il vient parfois des gens grossiers qui se font une idée exagérée des droits que leur confère cet avantage de faire partie du *public*, – et qui parlent à un bibliothécaire avec le ton qu'on emploie pour se faire servir dans un café. – Eh bien, un savant illustre, un académicien, répondra à cet homme avec la résignation bienveillante d'un moine. Il supportera tout de lui de 10 heures à 2 heures et demie, inclusivement. »[1]

L'ambivalence de la figure du conservateur, prêt à tout pour vous rendre service, mais dont on n'arrive pas à tirer grand chose, sans qu'il y ait rien à lui reprocher, est illustrée par l'épisode Ravenel :

> « – Il n'y a ici que M. Ravenel qui puisse vous tirer d'embarras (...). Malheureusement, il n'est pas *de semaine*.
> J'attendis la semaine de M. Ravenel. Par bonheur, je rencontrai le lundi suivant, dans la salle de lecture, quelqu'un qui le connaissait, et qui m'offrit de me présenter à lui. M. Ravenel m'accueillit avec beaucoup de politesse, et me dit ensuite : "Monsieur, je suis charmé du hasard qui me procure votre connaissance, et je vous prie seulement de m'accorder quelques jours. Cette semaine, j'appartiens au public. La semaine prochaine, je serai tout à votre service."
> Comme j'avais été présenté à M. Ravenel, je ne faisais plus partie du public ! Je devenais une connaissance privée, – pour laquelle on ne pouvait se déranger du service ordinaire. »[2]

C'est pourtant Ravenel qui, avec Techener, mettra Nerval sur la piste du fameux livre. Retards et détours l'auront ainsi conduit au but, et même doublement, car son vrai but est moins le livre que le retour dans le Valois, justifié par le fait qu'il ne peut mettre la main sur l'*Histoire de l'abbé de*

1. III, p. 465.
2. III, p. 463.

Bucquoy, mais que les archives de cette famille sont sans doute à Compiègne. Le livre introuvable l'envoie comme par hasard au pays de son enfance. Quand son vagabondage le met nez-à-nez avec le livre insaisissable, il n'en a plus besoin, car il s'est aperçu entre temps que ce n'était pas vraiment lui qu'il cherchait. Ce qu'il cherchait, c'étaient les chansons de son enfance, ressuscitées à Senlis le jour des Morts par la voix des petites filles :

> « Et la petite se met à chanter avec une voix faible, mais bien timbrée :
> *Les canards dans la rivière...* etc.
> Encore un air avec lequel j'ai été bercé. Les souvenirs d'enfance se ravivent quand on a atteint la moitié de la vie (...).
> Les petites filles reprirent ensemble une autre chanson, – encore un souvenir :
> *Trois filles dans un pré...*
> *Mon cœur vole* (bis) *!*
> *Mon cœur vole à mon gré !* »[3]

Il ne reste plus à Nerval qu'à faire don à la Bibliothèque impériale du livre si chèrement acheté et dont il découvre qu'il lui est inutile[4]. Tant il est vrai qu'il est nécessaire, comme nous le savons tous, de ne pas trouver ce qu'on cherche dans une bibliothèque pour prolonger le temps d'une quête studieuse et rêveuse, et pour découvrir autre chose.

Je viens de vous montrer combien je suis indigne de prononcer un mot d'accueil sur une institution savante. Cette démonstration faite, je me tais enfin, pour que nous puissions revenir à l'IRHT.

Michel ZINK
Secrétaire perpétuel de l'Académie des Inscriptions et Belles-Lettres

3. III, p. 489.
4. On peut lire la lettre, datée du 9 décembre 1851, par laquelle Nerval fait don de ce livre à la Bibliothèque nationale au t. II de l'édition de la Pléiade, p. 1295.

L'INSTITUT DE RECHERCHE
ET D'HISTOIRE DES TEXTES :
QUATRE-VINGTS ANS DE DOCUMENTATION
ET DE RECHERCHE

L'Institut de recherche et d'histoire des textes clôt au printemps 2018 le temps d'anniversaire de sa quatre-vingtième année. La décision de sa création fut prise le 7 mai 1937 dans le bureau de Jean Perrin, prix Nobel de physique 1926, socialiste fervent, sous-secrétaire d'État à la recherche scientifique dans le premier gouvernement du Front populaire. Elle devint effective le 1er juillet suivant, avec le détachement de Jeanne Vielliard (1894-1979), alors employée aux Archives nationales, pour exercer les fonctions de secrétaire général de cette nouvelle entité. À la manœuvre, le député indépendant de la Mayenne élu un an plus tôt, Félix Grat (1898-1940), inscrit à l'Assemblée dans le groupe de la Fédération républicaine, formation de droite. Chartiste, auteur d'une thèse de diplomatique sur les actes de Louis le Bègue, Louis III et Carloman (1923), ancien membre de l'École française de Rome, ce « conservateur raisonnable », « un professeur aux cheveux rares et aux notes abondantes, au corps étriqué et au docte cerveau »[1], militait depuis déjà quelque temps au sein de sa corporation pour un « Institut d'histoire des textes ».

À la réunion du 7 mai, dont il n'a pas été semble-t-il conservé de compte rendu mais dont les noms des participants sont connus, était présent Julien Cain, administrateur général de la Bibliothèque nationale (1930-1964), gagné à la cause. Le plaidoyer fut efficace et, à l'automne suivant, le premier noyau de l'Institut commençait ses travaux dans la salle de la Rotonde de la Bibliothèque nationale, au bout de la salle de lecture des manuscrits :

---

1. « Conservateur raisonnable » : Arthur Conte, *La drôle de guerre, août 1939-10 mai 1940*, Paris, Plon, 1999, p. 251 ; et portrait par Georges-Th. Girard, *Le Populaire de Paris : journal-revue hebdomadaire de propagande socialiste et internationaliste. Organe central du Parti socialiste (S.F.I.O.)*, 18 mars 1939, p. 6, dans le compte rendu d'un débat de politique étrangère. Les positions antimunichoises de Félix Grat avaient toute l'approbation de la gauche.

« pauvre abri de fortune dans une resserre obscure balayée de courants d'air et où l'électricité doit rester allumée toute la journée, mais on a sous la main la plus belle collection de manuscrits qui soit au monde »[2]. Ce « laboratoire » – on utilisait déjà le mot, mais il n'avait jusqu'alors guère été appliqué à la philologie –, premier en date dans les sciences humaines au titre de la recherche publique, était rattaché à la Caisse nationale de la recherche scientifique (créée en 1935). Deux ans plus tard, quand ladite Caisse fut fusionnée avec le Centre national de la recherche scientifique appliquée (créé en 1938) pour devenir le Centre national de la recherche scientifique[3], sous les auspices du même Jean Perrin, l'IRHT y fut naturellement intégré.

L'histoire de cette naissance a été retracée à plusieurs reprises et dans son détail, en particulier par Louis Holtz, quatrième directeur de l'IRHT (1986-1997)[4]. Mais il vaut la peine de revenir sur le contexte, en ce qu'il peut avoir d'éclairant. Le premier gouvernement du Front populaire, de juin 1936 à juin 1937, a été marqué par trois créations durables : le Service de recherche d'astrophysique, futur Institut d'astrophysique de Paris ; l'IRHT ; le Laboratoire de synthèse atomique d'Ivry, futur Institut de physique nucléaire d'Orsay. Grâce à la première de ces initiatives, les partisans d'un institut des textes ont pu user d'un argument en forme de question rhétorique : en quoi l'étude de l'histoire de la transmission écrite de la pensée humaine serait-elle moins importante que l'astrophysique ?[5]

2. Jeanne Vielliard, « L'Institut de Recherche et d'Histoire des Textes », *Revue du Moyen Âge latin* 3, 1947, p. 183-192, ici p. 185.

3. Au moment de sa création (octobre 1939), le CNRS rassembla les fonctions de plusieurs instances : le Conseil supérieur de la recherche scientifique (créé en 1933) qui « délibère et propose », le Service central de la recherche scientifique (créé en avril 1937) qui « décide et exécute », la Caisse qui « finance », le Centre de la recherche appliquée : Denis Guthleben, *Histoire du CNRS de 1939 à nos jours. Une ambition nationale pour la science*, 2ᵉ éd., Paris, CNRS Éditions, 2013, p. 21 et suivantes, ici p. 25 ; Id., « 19 octobre 1939 : la création du CNRS », *Bibnum, Sciences humaines et sociales*, mis en ligne le 1ᵉʳ novembre 2013, http://journals.openedition.org/bibnum/816.

4. Louis Holtz, « Les premières années de l'Institut de recherche et d'histoire des textes », *La revue pour l'histoire du CNRS* 2, 2000, p. 2-26 ; Id., « L'Institut de recherche et d'histoire des textes, premier laboratoire d'histoire du Centre National de la Recherche Scientifique », *Cahiers du Centre de recherches historiques* 36, 2005, https://journals.openedition.org/ccrh/3046.

5. L'expression « transmission écrite de la pensée humaine », apparaît dès les annonces de la création de l'Institut dans la *Bibliothèque de l'École des chartes* et la *Revue des études latines* (ci-après, note 16). Portée comme un étendard par l'IRHT, elle est depuis lors l'objet déclaré de son activité ; voir, parmi beaucoup d'autres attestations, le *Répertoire des médiévistes européens*, II, Poitiers, Centre d'études supérieures de civilisation médiévale,

La formule sut porter auprès de Jean Perrin, lui qui avait pourtant voulu, en 1933, exclure les sciences humaines du Conseil supérieur de la recherche scientifique, cette assemblée de la communauté scientifique dont il avait eu l'idée. L'argumentation fut d'autant plus efficace qu'elle était accompagnée d'une profession de foi en les méthodes des sciences expérimentales : il s'agit, selon les mots mêmes de Félix Grat, d'« organiser les recherches », de « fournir aux chercheurs [Entendons : des professionnels ; l'application du mot "chercheur" aux humanités en a choqué plus d'un, défenseur de l'amateurisme éclairé de l'érudit bénévole[6].] des instruments de travail et des documents nouveaux »[7]. En quoi la philologie avait encore quelques longueurs d'avance par rapport au droit, à qui Perrin, comme tant d'autres, déniait toute espèce d'affinité avec les sciences, fussent-elles humaines.

1937 est aussi l'année de l'Exposition universelle, organisée à Paris sur le thème des « Arts et des Techniques appliqués à la Vie moderne » et marquée durant le même mois de mai par l'inauguration du Palais de la Découverte, voulu par Jean Perrin. Au sein de l'Exposition, Julien Cain, lui, présidait la classe des « Bibliothèques et manifestations littéraires ». Dans l'aile Passy du nouveau Trocadéro furent installées deux expositions dans l'Exposition, l'une consacrée à la section des bibliothèques, l'autre, couvrant 300 m², intitulée « Ébauche et premiers éléments d'un Musée de la Littérature ». L'objectif, inédit, était d'exposer la littérature française moderne, en tant que celle-ci relevait de « l'Expression de la pensée ». On fit donc voir l'objet écrit, avec force reproductions de pages autographes et imprimées classées par auteur, pour tenter de montrer le processus de la création, ce « quoi de plus abstrait que l'activité littéraire », pour reprendre les mots de Paul Valéry, engagé dans l'aventure. Cependant, une des sections de l'exposition, intitulée « Le Manuscrit », fut confiée au paléographe Jean Babelon, tout juste nommé à la tête du Cabinet des médailles de la Bibliothèque nationale. De part et d'autre de l'escalier monumental, sur toute la hauteur des murs, furent ainsi disposées des pages de manuscrits grecs, latins, français, « agrandies et

---

1960, p. 256 : « étudier la transmission écrite de la pensée humaine, organiser les recherches concernant la tradition manuscrite des textes ».

6. Sur l'émergence de la figure du chercheur et de l'idée d'un pilotage de la recherche dans les années 1920-1930, Michel Pinault, « Le Chercheur », in *La France d'un siècle à l'autre, 1914-2000. Dictionnaire critique*, Jean-Pierre Rioux et Jean-François Sirinelli dir., Paris, Hachette-Littératures, 1999, p. 582-587 ; Id., « Les scientifiques et le Front populaire », in *Le pain, la paix, la liberté. Expériences et territoires du Front populaire*, Xavier Vigna, Jean Vigreux et Serge Wolikow éd., Paris, Éditions sociales, 2006, p. 173-194.

7. Rapport de Mario Roques, Paris, Archives nationales, F 17 17477 (voir ci-après, note 21). La définition est reprise dans le projet de statut de l'IRHT, ci-après, note 29.

comparées », qui avaient pour fonction de replacer l'autographie moderne dans le continuum d'une activité technique inscrite dans l'histoire : « c'est le jet de la main, écrit Babelon, qui fait l'objet de notre contemplation, l'allure d'un jambage, la pesée d'un trait plein, ou l'agile départ d'un délié ». Et le même d'ouvrir sa partie du catalogue par ces mots : « La pensée, quelle que soit l'inconnaissable alchimie où elle s'élabore, pour devenir l'objet de notre appréhension, aboutit à ce double avatar : l'émission de voix et l'écriture. »[8] C'est précisément sur ce lien entre pensée et écriture qu'est fondée la définition de la mission que Félix Grat entendait assigner à son institut.

Enfin, 1937, c'est la mise au point d'une version du support microfilmique inventé au milieu du XIXe siècle adaptée à la reproduction des documents avec une finalité d'archivage sur la longue durée, réalisant ainsi l'idée du microfilm dit de sécurité, exprimée dès 1871[9] ; et aussi, l'introduction de l'usage du microfilm dans les archives à l'initiative de Jean Hubert (1902-1994), alors en charge du dépôt de la Seine-et-Marne ; et encore, la création de l'atelier microfilm de la Bibliothèque nationale : on ne parle que de cela, au mois d'août, au Congrès mondial de la documentation universelle, l'une des nombreuses manifestations organisées dans le cadre de l'Exposition et dont le comité technique est présidé par Julien Cain[10]. Il s'agissait encore de film acétate, qui fut remplacé à partir de 1955 par le film polyester, d'une remarquable stabilité, dont la durée de vie estimée est de l'ordre du millénaire. Mais l'innovation était bien là, grâce à laquelle un programme intellectuel tourné vers le passé put bénéficier dès ses premiers pas des dernières avancées techniques. Depuis plusieurs années, on développait les fac-similés, grâce en particulier à l'activité de la Société française de reproduction des manuscrits à peinture fondée par Alexandre de Laborde en 1911 ; et c'est une exposition de fac-similés qui fut organisée à la Bibliothèque nationale en 1940, manière d'évoquer les manuscrits alors qu'ils avaient été mis en sécurité loin de Paris[11]. Mais il s'agit d'un

---

8. *Exposition internationale des arts et techniques, Paris 1937. Ébauche et premiers éléments d'un Musée de la littérature*, Julien Cain dir., préface de Paul Valéry, Paris, Denoël, 1938, spéc. p. IV et 85-88 ; voir Claire Bustarret, « Quand l'écriture vive devient patrimoine : les manuscrits d'écrivains à l'Exposition de 1937 », *Culture & Musées* 16, 2010, p. 159-176.

9. Geneviève Gille, « La première idée du microfilm de sécurité (8 Juin 1871) », *La Gazette des archives* 65, 1969, p. 105-106.

10. Sylvie Fayet-Scribe, *Histoire de la documentation en France : culture, science et technologie de l'information, 1895-1937*, Paris, CNRS Éditions, 2000, p. 202-207.

11. *Trois cents chefs-d'œuvre en fac-similé : manuscrits, enluminures, incunables, livres précieux, estampes, dessins, cartes, portulans, médailles et antiques*, Paris, s. n., 1940.

procédé coûteux, réservé aux manuscrits les plus précieux. La Bibliothèque nationale avait encouragé en 1931 la création de la « Société des Éditions sur Films des Bibliothèques nationales », visant à la constitution d'une collection de films reproduisant manuscrits, livres rares et estampes. Paris avait déjà un programme bien arrêté de reproduction, pour ce qui était vanté comme « de véritables éditions photomicrographiques »[12]. Mais là aussi, les coûts étaient élevés. La préface de Julien Cain au catalogue de l'exposition de 1940 présente alors les avantages de la reproduction en masse avec des arguments qu'on peut aisément imaginer avoir été partagés par Félix Grat : « on met à la disposition des savants et des érudits des documents qu'il peut être important de confronter entre eux, ce qui est malaisé généralement pour les originaux [...]. L'usage de la photographie a permis de constituer des recueils méthodiquement classés, et le "microfilm", qui a fait de grands progrès ces dernières années, sera davantage encore utilisé quand les appareils de lecture seront plus largement distribués »[13].

Tous ces faits sont significatifs. L'IRHT n'a pas surgi d'une initiative isolée. Sur le plan de la philologie, il avait des devanciers illustres, à commencer par Henri Quentin et ses travaux sur la tradition de la Vulgate, vis-à-vis desquels Félix Grat déclarait volontiers sa dette[14]. Pour ce qui est de l'usage du microfilm, l'exemple fut donné par Charles Perrat (1899-1976), condisciple de Félix Grat à l'École des chartes et à Rome, qui avait commencé dès 1932, à Naples, à reproduire les registres de la chancellerie de Charles II d'Anjou avec un Leica[15] : soit près d'un an avant

---

12. Émile Leroy, « Un projet d'édition sur film de manuscrits et livres rares », in *L'utilisation du film comme support de la documentation. Conférences présentées au Symposium organisé par l'Office international de chimie le 31 Mars 1935, à Paris*, Paris, Office international de chimie, 1935, p. 15-19 ; voir « La microcopie en France dans les bibliothèques et centres de documentation », *Bulletin des bibliothèques de France*, 1959, n° 4, p. 165-182.

13. Julien Cain, « Avant-propos », in *Trois cents chefs-d'œuvre…*, p. II-III. L'engouement pour le microfilm se heurtait au retard à se doter de matériel pour leur consultation. Jeanne Vielliard fit partie de la commission créée en décembre 1938 à la Bibliothèque nationale sur l'emploi du microfilm et les préconisations à adopter pour les appareils de lecture : Julien Cain, *La Bibliothèque nationale pendant les années 1935 à 1940. Rapport présenté à M. le Ministre de l'Éducation nationale*, Paris, Imprimerie des journaux officiels, 1947, p. 126.

14. Louis Holtz, art. cité (n. 4), p. 2-3.

15. Charles Perrat, d'un an plus jeune que Félix Grat, entra à l'École des chartes en 1922 (thèse 1926) et fut membre de l'École française de Rome de 1926 à 1928. Ses microfilms des registres angevins ont largement contribué à l'entreprise de reconstitution après la destruction des archives de Naples en 1943. En rendant compte de l'événement et en dressant l'état de ce qui pourrait être mobilisé pour la reconstitution, Perrat souligne la concomitance de son travail avec celui de Félix Grat : « J'avais abordé les 134 registres

la quête de manuscrits classiques latins en Espagne par Félix Grat, dont celui-ci fit une large publicité pour servir sa cause[16]. Pour ce qui est de la « faisabilité » d'ensemble, il a été porté par la volonté collective de ce qui paraissait une approche nouvelle de l'objet manuscrit et de son contenu, de sa reproductibilité et, partant, des possibilités qui s'ouvraient d'un accès plus large. Parmi les nombreuses contributions parues durant les années 1930 sur cette question, on peut se borner à indiquer celle cosignée par Charles Perrat et Jean Hubert sur l'usage de la photographie dans les archives et les bibliothèques, qui décrit tous les avantages du microfilm par rapport aux autres méthodes, décrit ceux de la copie photographique et plaide pour que les lecteurs puissent user d'un droit de reproduction libre et gratuit, dès lors qu'ils déposeraient un négatif de l'image réalisée, de la part « des conservateurs justement soucieux de ne point élever entre leurs institutions et la vie moderne une coupable et bien funeste barrière »[17].

Pour autant, la nature des missions de ce laboratoire, son périmètre linguistique, son identité institutionnelle n'allaient pas de soi. Le vœu de création d'un Institut d'histoire des textes présenté par Félix Grat au congrès de l'association Guillaume Budé de 1935 et voté à l'unanimité par les trois sections de ce même congrès concernait le seul relevé des manuscrits des classiques latins, avec une ouverture timide aux classiques grecs dans un futur hypothétique, « sous la direction de spécialistes ». On envisageait un rattachement à la Faculté des Lettres de l'Université de Paris, tout en prenant soin de préciser, pour ne pas fâcher, « qu'aucune nomination, ni de

---

de ce prince [Charles II] dans l'espoir d'en extraire en même temps tous les actes d'intérêt français. Impossible quelques années auparavant, l'entreprise s'avérait maintenant réalisable grâce à la technique de la photographie sur microfilm, dont le très regretté Félix Grat faisait, au même moment, en Espagne, l'emploi le plus judicieux. » (« Les archives d'État de Naples et l'histoire de France », *Comptes rendus des Séances de l'Académie des Inscriptions et Belles-Lettres* 1945, fasc. III [juillet-sept.], p. 321-333, ici p. 330). La date de 1932 est fournie par Geneviève Gille, art. cité (n. 9).

16. Félix Grat, « Une enquête sur les manuscrits latins d'Espagne », *Revue des Études latines* 11, 1933, p. 62-63 ; « Manuscrits des classiques latins en Espagne », *Comptes rendus des Séances de l'Académie des Inscriptions et Belles-Lettres* 1933, fasc. III (juillet-déc.), p. 324-325 ; « Les manuscrits inconnus des classiques latins », *L'Illustration*, n° 4739, 30 décembre 1933, p. 599, avec la reproduction d'un feuillet du ms. Madrid, BN, 10039 ; « L'histoire des textes et les éditions critiques », *Bibliothèque de l'École des chartes* 94, 1933, p. 296-309, ici p. 303 ; « Le Moyen Âge et la tradition manuscrite de la littérature latine classique », in *[Association Guillaume Budé.] Congrès de Nice : 24-27 Avril 1935. Actes du congrès*, Paris, Les Belles-Lettres, 1935, p. 378-388, ici p. 387-388.

17. Charles Perrat et Jean Hubert, « La photographie au service des archives et des bibliothèques », *Archives et bibliothèques* 2, 1936, p. 7-28, ici p. 8 ; l'article fait état de la mission de Grat en Espagne, p. 22.

directeur ni de secrétaire, ne devra occasionner de création de poste rétribué ni entraîner de dépense nouvelle »[18]. Le Front populaire, qui bouleversait l'organisation de la recherche publique, fut de toute évidence vu comme une opportunité à ne pas manquer, qui permettait de voir plus grand. Dans l'exposé des motifs que présenta Félix Grat au sous-secrétariat d'État fin 1936 ou début 1937 – un document très bref, non retrouvé à ce jour, mais connu d'après un témoignage indirect qui est l'une des rares pièces relatives à la genèse de l'IRHT sur lesquelles Louis Holtz n'a pas attiré l'attention –, il était cette fois question de « la tradition manuscrite des textes de toutes langues »[19].

Avant le 7 mai, le projet fut examiné une première fois, le 5 février, par Perrin, Jean Cavalier (égyptologue, directeur de l'enseignement supérieur), Jérôme Carcopino, Edmond Faral, Mario Roques et Joseph Vendryès, c'est-à-dire une bonne partie de ceux qui furent présents lors de la réunion suivante et décisive[20]. Puis, alors que l'Institut avait été créé et débutait une existence sans la confirmation d'un texte officiel, ce qui laissait une certaine latitude quant à sa mission, Mario Roques remit un rapport à son sujet au Service central de la recherche. Il en donna lecture en novembre 1937 ou 1938 dans une séance de la section des sciences philologiques de la Caisse nationale devant, entre autres, Paul Pelliot et Ernest Tonnelat[21]. Le cercle des intéressés, qui comprenait déjà le latin classique et médiéval, le grec, les langues celtiques et romanes, s'étendait ainsi aux sinisants (Pelliot) et aux germanistes (Tonnelat). Mario Roques, se faisant porteur de la réflexion de ses pairs, défendait l'idée qu'il fallait dépasser les possibilités limitées d'un institut d'Université pour aller vers la création d'un « organisme de caractère général et national » et « s'inscrire dans un plan d'ensemble

18. *Congrès de Nice 1935*, *op. cit.* (n. 16), p. 418, « Vœu présenté par M. Félix Grat » ; sur le vote, voir p. 388, note 1.

19. Paris, Archives nationales, F 17 17477, indiqué par Olivier Dumoulin, « Les sciences humaines et la préhistoire du CNRS », *Revue française de Sociologie* 26, 1985, p. 353-374, ici p. 373. Je remercie Yann Potin de m'avoir facilité l'accès à ce document.

20. Jérôme Carcopino, 1881-1970, alors professeur d'histoire romaine à la Sorbonne, membre de l'Institut depuis 1930, nommé directeur de l'École française de Rome en juillet 1937. – Edmond Faral, 1882-1958, professeur de littérature latine médiévale au Collège de France, membre de l'Institut depuis 1936. – Mario Roques, 1875-1961, à peine élu à la chaire d'histoire du vocabulaire français au Collège de France, membre de l'Institut depuis 1933. – Joseph Vendryès, 1875-1960, professeur de linguistique à la Sorbonne, directeur d'études de philologie celtique à l'École pratique des Hautes Études, membre de l'Institut depuis 1931. – Pour les participants à la réunion du 7 mai, voir Louis Holtz, art. cité (n. 4), p. 6.

21. Archives nationales, F 17 17477 ; c'est ce document qui fait état de la réunion du 5 février 1937.

d'inventaire, de conservation et de diffusion non seulement des manuscrits de textes, mais de tous les documents uniques ». Pour cela, il fallait ne pas se limiter aux manuscrits, mais considérer aussi bien « des plaquettes gothiques, des incunables, des imprimés du XVIe et du XVIIe siècle, et même de plus tard, [qui] sont aussi uniques que des copies manuscrites ; et ce caractère s'étend à des documents autres que des textes » (« inscriptions, monnaies, monuments figurés de petite dimension non classés »). Il fallait aussi exploiter les perfectionnements des procédés d'enregistrement pho-tomicrographique sur papier ou sur film. Cela impliquerait « des liaisons internationales publiques et privées fort étroites. Il pourra apparaître que l'organisme qui assumerait la tâche de conserver les *unica* des collections françaises et d'en mettre la reproduction à la disposition des travailleurs de tous pays aurait une incomparable autorité pour engager les autres pays à suivre son exemple et pour obtenir les échanges, les communications, les renseignements utiles ».

On s'oriente ainsi vers la constitution d'un « Service pour la conservation et la reproduction des documents uniques », auquel pourrait être rattaché l'Institut d'histoire des textes à peine créé, « comme réalisant une de ses sections d'études ». « Peut-être, ajoute le rapport, pourrait-on préciser le champ d'action de cet Institut en laissant de côté les documents orientaux, et en s'en tenant aux documents uniques, grecs, latins, français, de caractère littéraire, écrits et imprimés. » Mario Roques complète oralement son propos en indiquant que l'institut « pourrait se présenter comme une annexe d'un organisme de conservation et de communication de textes, qui serait attaché administrativement à la Bibliothèque Nationale ». Cette ultime précision était à la fois manière de prendre acte du fait que celle-ci hébergeait déjà l'IRHT ; on peut aussi la prendre comme l'indice du fait que Julien Cain avait probablement inspiré tout ou partie du rapport.

Le grand Service imaginé, d'orientation clairement patrimoniale plutôt que philologique, ne vit pas le jour. Mais l'affaire est révélatrice des tâtonnements qui ont présidé à la naissance de l'Institut des textes : dans la définition de son objet, dans le choix des langues concernées par son activité, dans son statut, qui tardait à être précisé. Sur ce dernier point, le rapport donne peut-être la clé des discussions qui eurent lieu en mai 1937, dont nous savons qu'elles furent vives mais dont, faute de compte rendu, nous ne connaissons pas la teneur[22]. Il explique aussi pourquoi l'administration fit lanterner Félix Grat, qui n'avait de cesse de réclamer qu'un arrêté fît état de

22. Louis Holtz, art. cité (n. 4), p. 7.

la création de son institut[23]. Il ne semble au reste pas avoir eu connaissance dudit rapport, qui préfigurait un avenir très différent de celui qu'il visait. L'idée du rattachement à la Bibliothèque nationale fut à nouveau suggérée dans le rapport remis au ministre de l'Instruction publique à la fin de l'année 1940 par Charles Jacob (1878-1962), administrateur provisoire et futur directeur du CNRS, mais resta sans suite[24].

Quoi qu'il en soit, puisqu'il avait obtenu l'essentiel, c'est-à-dire l'organisme qu'il appelait de ses vœux, trois postes pour le faire tourner et quelques subsides – de quoi, en particulier, acheter trois appareils photographiques de marque Leica[25] –, il pouvait modeler les choses à sa guise sans attendre que d'autres le fassent pour lui. Quand il prit la parole devant l'Académie le 16 décembre 1938 (« pour faire sensation » et dans la perspective d'une prochaine discussion budgétaire, avait-il écrit-il quelques mois plus tôt à Jeanne Vielliard[26]), pour exposer quelques découvertes de manuscrits jusqu'alors inconnus d'auteurs classiques latins à la Bibliothèque Vaticane, ce fut l'occasion de livrer publiquement une définition à la fois précise et évolutive de ce qui venait d'être mis en place : un « organisme autonome [c'est-à-dire hors Université, alors jugée inadaptée à l'exercice de la recherche et inapte à la promotion de disciplines nouvelles[27]] du Service central de la Recherche scientifique créé pour étudier l'histoire de la transmission écrite de la pensée humaine, [qui] a pour première mission de réunir, pour la communiquer aux chercheurs, la documentation concernant tous les manuscrits des auteurs latins de l'Antiquité épars dans le monde ». Mission première, mais non ultime, car en terminant son exposé, Félix Grat ajoutait : « à la section latine, s'adjoindra très prochainement une section arabe, et peu à peu d'autres sections seront créées pour réunir selon les mêmes méthodes toute la documentation manuscrite relative aux textes

23. Voir encore le rapport sur le CNRS à la fin 1940 : « Félix Grat [...] en a pris la direction, au moins officieuse, car aucun texte autre que des attributions de crédits n'est intervenu. Mlle Vielliard, archiviste-paléographe, a été détachée des Archives nationales et, à titre toujours officieux, désignée comme secrétaire général » : *Rapport sur le Centre national de la recherche scientifique de Charles Jacob... au ministre de l'Instruction publique*, éd. Michel Blay, *Les ordres du chef. Culte de l'autorité et ambitions technocratiques : le CNRS sous Vichy*, Paris, Armand Colin, 2012, p. 53-165, ici p. 113.

24. *Rapport... de Charles Jacob...*, *op. cit.* (n. 23), p. 113.

25. Cinq furent achetés jusqu'à l'été 1939 : registre d'inventaire du matériel de l'IRHT (arch. IRHT), n°s 3, 27, 56, 94, 113.

26. Lettre du 13 août 1938 (arch. IRHT) ; cependant, la séance de l'Académie devant laquelle parla Félix Grat fut postérieure à la discussion du budget.

27. Denis Guthleben, *op. cit.* (n. 3), p. 17-18, 25.

anciens écrits dans les différents idiomes »[28]. Depuis quelques mois déjà, les annonces de la création de l'IRHT dans les revues savantes ne disaient pas autre chose et la définition qui figure dans le projet de statut élaboré par Jeanne Vielliard et Félix Grat durant l'été 1939 ne fit que réitérer une formule rodée[29]. Soit un programme suffisamment ambitieux non seulement pour être mis en œuvre de multiple manière et dans toutes les langues, sans limitation *a priori* à celles du bassin méditerranéen, mais aussi pour justifier qu'on n'en ait pas changé depuis.

Examiner la transmission des textes, en préalable à toute tentative d'édition critique, par le recensement exhaustif de leurs témoins antérieurs à 1500, c'est-à-dire avant la fossilisation de ces mêmes textes par la voie de l'imprimé, est une démarche qui relève aujourd'hui de l'évidence. L'initiative française, qui faisait écho à des rassemblements de l'information déjà en cours ailleurs, mais sous la forme surtout d'un repérage à travers les catalogues existants, montre cependant que débutait à peine une quête systématique. Félix Grat fustigeait volontiers « l'insouciance en matière de recherche des manuscrits », qui privait de tout intérêt les éditions nouvelles et, quelques années plus tard, un article pouvait être intitulé « La recherche des manuscrits latins »[30]. Dans la séance de l'Académie du 16 décembre 1938 fut aussi énoncée, ce n'était pas la première fois sous la plume de Grat, une méthode : « deux collections sont constituées ; l'une composée de fiches descriptives où sont indiqués le contenu, la date et toutes les particularités

28. *Comptes rendus des Séances de l'Académie des Inscriptions et Belles-Lettres* 1938, fasc. VI (nov.-déc.), p. 512-515 ; voir aussi « Manuscrits inconnus d'auteurs latins découverts par l'Institut de recherche et d'histoire des textes », *Bibliothèque de l'École des chartes* 99, 1938, p. 433-434. L'évocation, d'une section arabe devant l'Académie, plutôt, par exemple, que de sections dédiées à d'autres langues, pourtant bien prévues (voir note suivante), s'explique par le fait que Félix Grat a effectué au printemps 1938 un voyage en Syrie, au Liban, alors sous mandat français, ainsi qu'en Turquie pour le compte de la commission des Affaires étrangères de l'Assemblée nationale : Louis Holtz, art. cité (n. 4), p. 10.

29. *Bibliothèque de l'École des chartes* 98, 1937, p. 428 et *Revue des Études latines* 15, 1937, p. 268 : auteurs classiques latins pour les premiers travaux, puis « textes latins et français du moyen âge, textes grecs, celtiques, arabes, etc. ». – Projet de statut (arch. IRHT) : « Cet Institut a pour but d'organiser les recherches concernant la tradition manuscrite des textes de toutes langues, afin de fournir aux chercheurs des instruments de travail et des documents nouveaux. » ; la phrase figurait dans le document examiné par le rapport Roques de 1938, voir ci-avant note 21.

30. Félix Grat, « L'histoire des textes et les éditions critiques », *Bibliothèque de l'École des chartes* 94, 1933, p. 296-309 ; Jeanne Vielliard et Marie-Thérèse Boucrel, « La recherche des manuscrits latins », in *Mémorial des études latines publié à l'occasion du vingtième anniversaire de la Société et de la Revue des études latines offert à son fondateur J. Marouzeau*, Paris, Les Belles Lettres, 1943, p. 442-457.

de chacun des manuscrits, l'autre, de photographies reproduisant *in extenso* tous les manuscrits importants et notamment tous ceux qui ont été écrits avant le XIIIᵉ siècle, ainsi que des photographies témoins pour les manuscrits de moindre importance ». Ce programme fut appliqué à la lettre et au-delà par Jeanne Vielliard. Chartiste et romaine elle aussi, mais également ancienne pensionnaire de la Casa de Velázquez, elle prit les rênes de l'Institut en 1940 et le modela pendant près d'un quart de siècle, tout en gardant le titre de secrétaire général jusqu'en 1952[31]. D'où la physionomie durable du laboratoire, faite de trois éléments : des fiches, en un océan multicolore dont les flots sont rangés dans d'innombrables tiroirs de bois ou de métal, chacune d'elles étant susceptible d'enregistrer une information banale ou une découverte encore inexploitée[32] ; des microfilms ; des sections entre lesquelles était réparti le travail. Le tout, pour reprendre une description de Jacques Fontaine (1922-2015), « dans un dédale de bureaux, de fichiers, de piles de livres, de cartonniers, de lecteurs de microfilms. Ces empilements balzaciens transformaient la moindre pièce en un labyrinthe industrieux… »[33].

Le témoignage de Jacques Fontaine se rapporte aux années où l'IRHT était établi dans l'Hôtel de Rohan, au 87 de la rue Vieille-du-Temple. C'est que le laboratoire a connu bien des déménagements. Quand la guerre fut déclarée, il se replia de la Bibliothèque nationale aux archives départementales de Laval, ville natale de Félix Grat, lequel mourut au front le 13 mai 1940[34]. Fermé durant un peu plus de trois semaines en juin-juillet 1940, il reprit très rapidement ses travaux, Jeanne Vielliard ayant averti ses collaboratrices qu'elles seraient considérées comme démissionnaires si elles ne se présentaient pas à compter du 15 juillet[35]. Retour à Paris en septembre, il fut accueilli non plus par la Bibliothèque nationale, qui manquait de place,

31. Geneviève Faye, « Une historienne à l'ombre de la communauté scientifique : Jeanne Vielliard (1894-1979) », in *Histoires d'historiennes*, Nicole Pellegrin dir., Saint-Étienne, Publications de l'Université, 2006, p. 349-364. Une photographie de J. V. orne la couverture du volume.

32. Voir le témoignage de Geneviève Contamine et Françoise Perelman prononcé le 30 novembre 2017 lors de la journée « l'IRHT hier, aujourd'hui et demain » organisée par l'association des Amis de l'IRHT, https://www.irht.cnrs.fr/sites/default/files/images/images_contenu/images_contenu_site/pieces_jointes/journee_amis_du_30_novembre_2018_-_irht_80_ans.pdf.

33. Cité par Jean Glénisson, « Jeanne Vielliard (1894-1979) », *Bibliothèque de l'École des chartes* 140, 1982, p. 362-371, ici p. 363.

34. Les dispositions pour le repli aux archives départementales de Laval (« qui ont une très belle salle – bien plus belle que celle de la Nationale… ») avaient été arrêtées depuis septembre 1938 : lettre de F. Grat à J. Vielliard, 26 septembre 1938 (arch. IRHT).

35. Louis Holtz, art. cité (n. 4), p. 13.

mais par les Archives nationales ; dès le mois de décembre, le secrétaire général pouvait faire un tableau récapitulatif des vacations effectuées par un « personnel auxiliaire » fort de quarante-cinq personnes[36]. En mai 1960, il passait quai Anatole-France, avant de gagner six ans plus tard l'avenue d'Iéna, dans un immeuble d'abord partagé avec le Service des ressources affectées du CNRS puis occupé entièrement à partir de 1978 et nommé dès lors « site Félix-Grat ». Un an plus tôt avait été créée l'antenne d'Orléans, dite « site Augustin-Thierry », c'est-à-dire ce qui restait d'un projet de transfert total du laboratoire évoqué à la fin des années 1960 puis redimensionné aux sources de l'histoire médiévale (documentaires, narratives, iconographiques, musicales) ainsi qu'à la filmothèque, à la reprographie et à une partie de la bibliothèque. Ce site bénéficia de la construction d'un bâtiment nouveau en 1997, aujourd'hui largement surdimensionné. La délocalisation de la section grecque, puis de la section arabe au Collège de France advint en 1988 et 1989. Les années 1970-1980 sont un apogée pour ce qui est du personnel : cent vingt personnes, tous statuts confondus, au début des années 1980.

Au fil des ans, aussi, les sections, parfois dites sous-section, centre, pôle, se multiplient, se transforment, changent de nom, fusionnent, se dédoublent, disparaissent silencieusement. J'en compte vingt-cinq depuis juin 1937, date de création revendiquée par la section latine, jusqu'au récent pôle des sciences du quadrivium mis en place à Orléans en 2011 (voir leur liste en annexe). Selon la nature et l'évolution de leur curiosité, les chercheurs passent parfois de l'une à l'autre ou se partagent entre l'une et l'autre. Treize existent aujourd'hui, soutenues par un « Pôle numérique ». Entre-temps ont été créées puis ont disparu ou ont été suspendues les sections dites canonique (étudiant les manuscrits de droit canonique), slave, celtique, biblique et massorétique, ou encore des sources narratives byzantines, et celle de liturgie. Une telle fluctuation est normale, dès lors que certaines de ses sections n'ont existé, et n'existent aujourd'hui encore que par le travail d'un individu et que certaines, aussi, n'ont été créées qu'en vertu d'accords passés avec tel ou tel spécialiste non stipendié par le CNRS mais désireux de rattacher son activité au laboratoire[37]. Il est de tradition, du reste, que

36. Lettre de J. Vielliard au directeur du CNRS, 5 décembre 1940 (arch. IRHT). À partir de 1942, l'IRHT occupa l'appartement dévolu au secrétaire général des AN : Louis Holtz, art. cité (n. 4), p. 14.

37. Ainsi pour la section biblique et massorétique, créée en 1965 et confiée à Gérard Emmanuel Weil (1926-1986), professeur à Nancy ; pour la section slave, créée en 1978 sous la responsabilité de Vladimir Vodoff (1935-2009), directeur d'études à l'EPHE, puis confiée à Pierre Gonneau ; et pour la section celte, ou celtique, créée en 1982 sous la responsabilité de Léon Fleuriot (1923-1987), puis confiée à Pierre-Yves Lambert.

la responsabilité scientifique de telle ou telle section soit assurée par une personnalité extérieure, ou qui l'est devenue à la suite du rattachement à une autre institution, à commencer par l'École pratique des Hautes Études[38]. La situation devient plus préoccupante quand la déshérence gagne des équipes importantes, comme la section de l'humanisme, créée en 1954 sous l'étiquette « section des humanistes », qui a compté jusqu'à dix personnes mais qui a vu le dernier élément de son personnel permanent partir en 2017 et pour laquelle on ne peut cacher un creux de vague, en attente d'une hypothétique relève.

Quoi qu'il en soit, la structure des premiers temps demeure, qui juxtapose la dimension linguistique (aujourd'hui latin, oc et oïl, arabe, grec, copte, syriaque, démotique, hébreu) et la dimension thématique. Cette dernière fut inaugurée en 1940 par le « service héraldique » – l'identification des blasons permettant de connaître les possesseurs –, suivi en 1942 par la section de diplomatique et en 1943 par une « section de documentation sur les manuscrits » dont Jeanne Vielliard préciserait des années plus tard qu'elle était « dite de codicologie, nom barbare pour une science passionnante »[39]. Jean Glénisson, directeur de 1964 à 1986, tout à son projet orléanais, voyait quant à lui les choses de manière tripartite, selon une distinction qui n'a plus cours et fâcherait aujourd'hui plus d'un : sections « littéraires » (grecque, latine, orientale, romane) et « auxiliaires qui aident au travail de ces différentes sections » (paléographie, codicologie, humanisme) d'une part, sections « historiques » d'autre part (diplomatiques, sources narratives), auxquelles il entendait joindre les sources iconographiques[40].

Durant les huit premières décennies de son activité, l'IRHT n'a cessé de remplir la mission qui lui avait été assignée. Les fichiers sont pleins. S'ils sont « éteints » pour ce qui est du support papier, ils continuent de s'accroître sous forme numérique et aucun d'eux ne saurait être considéré comme clos. Le matériau issu du travail collectif, une autre dimension du projet de Félix Grat,

38. Georges Vajda pour la section orientale ; Jacques Monfrin, Geneviève Hasenohr, Françoise Vielliard, Sylvie Lefèvre pour la section romane ; André Vernet puis Anne-Marie Turcan-Verkerk pour la section de codicologie ; Gérard Emmanuel Weil pour la section biblique et massorétique ; Jean-Patrice Boudet pour le pôle des sciences du quadrivium ; Colette Sirat puis Judith Olszowy-Schlanger pour la section hébraïque.

39. « Rapport présenté à l'occasion du 20e anniversaire de la fondation de l'Institut de recherche et d'histoire des textes », *Bulletin d'information de l'IRHT* 6, 1957, p. 101-106, ici p. 104. Le néologisme « codicologie », défendu par Alphonse Dain et François Masai, s'était imposé depuis déjà plusieurs années : voir F. Masai, « Paléographie et codicologie », *Scriptorium* 4, 1950, p. 279-293, ici p. 290.

40. Jean Glénisson, « Formation et destin de l'Institut de Recherche et d'Histoire des Textes », *Cahiers de civilisation médiévale* 57, 1972, p. 53-60, ici p. 55.

qui valait innovation dans les années 1930, est à la disposition de tous. Pour gérer tout cela et pour croiser l'information, le laboratoire s'est posé très tôt la question de la machine, de la « mécanographie » et de la « documentation automatique », domaine pour lequel il fut pionnier, que ce soit dans l'usage de la fiche perforée ou dans la réflexion sur la méthode, au point que les quarante-cinq fascicules de la revue *Le médiéviste et l'ordinateur*, qui vécut de 1979 à 2007, sont un sujet de choix pour un mémoire universitaire[41]. Il a mis au point des guides (pour l'élaboration d'une notice de manuscrit, 1977 ; du releveur d'empreintes, 1984), des lexiques et glossaires (vocabulaire codicologique multilingue, glossario del latino filosofico, terminologia del libro), des outils de chronologie, d'analyse des écritures et des schémas de réglure, de lemmatisation (*Millesimo*, *Graphoskop*, *De re rigatoria*, *TreeTagger*), des manuels (Jean-Baptiste Lebigue, *Initiation aux manuscrits liturgiques*, 2007, en ligne ; *Lire le manuscrit médiéval*, sous la direction de Paul Géhin, Paris, Albin Michel, 2005, 2ᵉ édition revue 2017). Il s'est associé à des projets d'envergure : les manuscrits datés (latins, français, grecs, hébreux), la *Bibliographie internationale de l'humanisme et de la Renaissance*, les documents linguistiques de la France, les sources de l'histoire économique et sociale du Moyen Âge, la refonte du *Manuel bibliographique* de Robert Bossuat, le « nouveau Potthast », le *Dictionnaire des lettres françaises*, les « plus anciens documents originaux » de Cluny, les *Bibliothèques virtuelles humanistes*[42]. Il assure une présence active dans les

---

41. Lucie Fossier, « Les débuts de l'informatique à l'IRHT », *Les Amis de l'I.R.H.T.* supplément au *Bulletin*, octobre 2005, p. 1-3.

42. *Catalogue des manuscrits en écriture latine portant des indications de date, de lieu ou de copiste*, Charles Samaran et Robert Marichal dir., Paris, CNRS, 1959-1984, 7 t. en 18 vol. ; Denis Muzerelle, *Manuscrits datés des bibliothèques de France*, I : *Cambrai*, Paris, CNRS, 2000 ; II : *Laon, Soissons, Saint-Quentin*, Paris, CNRS, 2013 ; *Les manuscrits grecs datés des XIIIᵉ et XIVᵉ siècles conservés dans les bibliothèques publiques de France*, I, Charles Astruc dir., Paris, Éditions de la BnF, 1989 ; II, par Paul Géhin *et al.*, Turnhout, Brepols, 2005 (Monumenta palaeographica Medii Aevi, Series Graeca, 1) ; Colette Sirat, Malachi Beit-Arié *et al.*, *Manuscrits médiévaux en caractères hébraïques portant des indications de date jusqu'à 1540*, Jérusalem-Paris, CNRS et Académie des Sciences d'Israël, 1972-1986, 3 t. en 7 vol. ; *Monumenta palaeographica Medii Aevi, Series Hebraica*, Turnhout, Brepols, 1997-2015, 6 vol. parus. – *Documents linguistiques de la France. Série française. Chartes en langue française antérieures à 1271...*, publiés par Jacques Monfrin avec le concours de Lucie Fossier, Paris, CNRS, 1974-1988, 3 vol. (Documents, études et répertoires) ; l'entreprise se poursuit aujourd'hui, hors IRHT, avec les *Documents linguistiques galloromans*, Martin-D. Glessgen dir., 3ᵉ éd. 2016, http://www.rose.uzh.ch/docling/. – Robert-Henri Bautier et Janine Sornay, *Les sources de l'histoire économique et sociale du Moyen Âge*, Paris, CNRS, 1968-2001, 2 t. en 5 vol. – Robert Bossuat, *Manuel bibliographique de la littérature française du Moyen Âge. Troisième supplément, 1960-1980*, Françoise Vielliard et

divers Comités internationaux de paléographie (latine, grecque, hébraïque), dans la Commission internationale de diplomatique et dans le Comité international de papyrologie[43]. Il a élargi son champ d'intérêt vers les aspects matériels du livre manuscrit, en nouant une collaboration fructueuse avec le Centre de recherche sur la conservation des documents graphiques, créé en 1963 au Muséum national d'histoire naturelle sous l'impulsion, encore une fois, de Julien Cain. Le CRCDG fut rattaché à l'IRHT de 1971 à 1978 et c'est de cet héritage qu'est né le Groupement de recherche « Matériaux du livre », qui fut actif de 2004 à 2008[44]. Il a ouvert de nouveaux champs disciplinaires au sein de l'histoire intellectuelle, comme celui qui a trait aux représentations de l'espace, écrites et figurées[45].

Il aussi mené à bien la reproduction sur microfilm des bibliothèques publiques de France (hors Bibliothèque nationale de France), en sillonnant méthodiquement l'Hexagone. Julien Cain lui fit ainsi faire à partir de l'été 1947 une campagne photographique sur l'ensemble du territoire, à raison

Jacques Monfrin éd. avec le concours de la section romane de l'IRHT, Paris, CNRS, 1986. – *Repertorium fontium historiae medii aevi primum ab Augusto Potthast digestum, nunc cura collegii historicoum e pluribus nationum emendatum et auctum*, Rome, Istituto storico italiano per il Medio Evo, 1960-2007, 12 vol. – *Dictionnaire des lettres françaises. Le Moyen Âge*, 2ᵉ éd., Geneviève Hasenohr et Michel Zink dir., Paris, Librairie générale française, 1992. – *Les plus anciens documents originaux de l'abbaye de Cluny*, éd. par Jean Vezin, Sébastien Barret et Hartmut Atsma, Turnhout, Brepols, 1997-2002, 3 vol. (Monumenta palaeographica Medii Aevi, Series Gallica). – *BVH. Bibliothèques virtuelles humanistes*, http://www.bvh. univ-tours.fr/.

43. Le Comité international de paléographie (1953) est devenu Comité international de paléographie latine (CIPL) en 1985, la section de paléographie latine de l'IRHT est née la même année pour en être le secrétariat. – Le Comité de paléographie hébraïque est né en 1966 (voir Colette Sirat, « Le Comité de paléographie hébraïque. Cinquante ans d'activité », https://irht.hypotheses.org/999 [décembre 2015]. – Le Comité international de paléographie grecque (CIPG) a été créé en 1981 ; la Commission internationale de diplomatique (CID) a été créée en 1971. Le CIPL et le CID forment deux des commissions internes du Comité international des sciences historiques, lui-même fondé en 1926. – Le Comité international de papyrologie (1930) a compté parmi ses membres Jean Gascou (1992-2001) et Hélène Cuvigny (2007-2016) ; Jean-Luc Fournet, membre associé, en fait partie depuis 2016.

44. Voir *Matériaux du livre médiéval*, Monique Zerdoun et Caroline Bourlet éd., Turnhout, Brepols, 2010 (Bibliologia, 30), dernier « produit » en date d'une chaîne de séminaires et de colloques dont le premier maillon date de 1972 : *Les techniques de laboratoire dans l'étude des manuscrits : Paris, 13-15 septembre 1972*, Paris, CNRS, 1974 (Colloques internationaux du CNRS, 548).

45. Recherches de Patrick Gautier Dalché, qui ont débouché sur la création de la collection *Terrarum Orbis. Histoire des représentations de l'espace : textes, images*, qu'il dirige aux éditions Brepols (2001-, 13 vol. parus). Voir aussi *La terre. Connaissance, représentations, mesure au Moyen Âge*, P. Gautier Dalché dir., Turnhout, Brepols (L'Atelier du médiéviste, 13), 2013.

de quatre expéditions d'un mois « dans un camion du CNRS aménagé en laboratoire » – on aura reconnu le Citroën modèle T23 de l'IRHT acquis en juin 1946[46], dont la photographie orne l'escalier du 40 avenue d'Iéna –, campagne qui déboucha en 1954 et 1955 sur les deux grandes expositions parisiennes consacrées aux manuscrits à peintures du VIIᵉ au XVIᵉ siècle[47]. « À l'Institut d'Histoire des Textes », écrivait Régine Pernoud en février 1948 dans un article de presse, « le ou plutôt la chartiste ne gratte plus le papier : elle manie le Leica. Une camionnette fermée a même été aménagée en laboratoire photographique. A-t-on besoin, à Paris, d'un manuscrit qui se trouve à Reims ? Une mission partira en camionnette, installera sur place le matériel, d'ailleurs très simple, qui permet de photographier le document désiré ; et il ne restera plus qu'à développer, dans la chambre noire que comporte le véhicule, le film réalisé. »[48]. En 1962, un journaliste enthousiaste envisageait qu'un jour, on lirait sur une autre planète ces mêmes manuscrits de Reims, fixés « sur la gélatine et pour la postérité »[49]. À ces temps héroïques a succédé la numérisation directe, dans le cadre aujourd'hui d'une convention avec le ministère de la Culture, et avec des matériels autrement plus sophistiqués.

Durant toutes ces années, l'IRHT a progressé sur deux fronts, qui sont constitutifs de son identité. Jean Glénisson les a exprimés avec lucidité dans un rapport soumis au comité de direction en 1966[50]. Ils n'ont pas changé. L'IRHT, écrit-il, est un « organisme de documentation » qui permet « très rapidement et souvent de manière exhaustive de fournir aux spécialistes dans les domaines linguistiques [qui sont ceux du laboratoire] tous les renseignements utiles ». C'est en cela qu'il reste le plus proche de ce qu'on attendait de lui à ses débuts et c'est cela qui a assuré sa notoriété, en particulier à l'étranger : le fait de pouvoir y trouver de l'information, des reproductions, des spécialistes dans beaucoup de domaines. C'est aussi cela qui a bien failli

---

46. Registre d'inventaire du matériel de l'IRHT (arch. IRHT), n° 313.

47. *Les manuscrits à peintures en France du VIIᵉ au XIIᵉ siècle*, avant-propos et notices par Jean Porcher, préface de Julien Cain, Paris, Bibliothèque nationale, 1954 ; *Les manuscrits à peintures en France du XIIIᵉ au XVIᵉ* siècle, préface d'André Malraux, introduction de Julien Cain, Paris, Bibliothèque nationale, 1955.

48. « En 1948, P.-L. Courier ne tacherait plus d'encre le manuscrit de Daphnis et Chloé. Une visite à l'Institut des textes : comment les érudits, convertis au cinéma, étudient les plus précieux manuscrits du monde entier », *Le Figaro littéraire*, février 1948.

49. Maurice Saleck, « La science au service du passé. Demain, des cosmonautes emporteront (peut-être) avec eux des manuscrits rémois du Xᵉ siècle », *L'Union*, n° 5535, 12 septembre 1962, p. 3.

50. Rapport publié : « La vie de l'Institut de recherche et d'histoire des textes en 1966 », *Bulletin d'information de l'Institut de recherche et d'histoire des textes* 14, 1966, p. 143-150.

signer sa perte, quand il fut intégré en 1960 dans le Centre de documentation du CNRS, créé en 1940, peu après que celui-ci eut regroupé ses services, comprenant bibliothèque et laboratoires photographiques, au 15 quai Anatole-France[51]. Les dernières années de direction de Jeanne Vielliard furent ainsi marquées par le risque d'une dilution au service de l'une des multiples séries du *Bulletin signalétique*, ce qui l'aurait amené à périr avec lui au début des années 1990. On mesure l'apparente audace de Glénisson en lisant, sous la plume de la même Jeanne Vielliard, la définition qu'elle donnait en 1963 : « L'Institut de Recherche et d'Histoire des Textes n'est pas une bibliothèque, il n'est pas non plus un centre de documentation. C'est un "laboratoire" de recherche comme le Centre National de la Recherche Scientifique en compte un grand nombre dans le domaine des sciences exactes et comme il en compte peu dans celui des sciences humaines. »[52].

Or le diagnostic faussement à contre-pied de Glénisson fut posé une fois le danger passé, alors que le laboratoire avait recouvré son autonomie (1966). D'où le deuxième front : l'IRHT, poursuivait-il, « est un organisme de recherche – précisément parce qu'il est un organisme de documentation ». Non seulement il joue, pour reprendre son expression, « un rôle "d'orienteur" scientifique » pour qui vient consulter les fameux fichiers, mais chacune de ses sections « est vouée d'ores et déjà à une œuvre de recherche propre », concrétisée par des publications.

Ce « d'ores et déjà » est sibyllin. D'un côté, il s'agit d'un rappel : depuis 1948 et 1949, années de parution du *Répertoire des bibliothèques et des catalogues de manuscrits grecs* de Marcel Richard (1907-1976, responsable de la section grecque depuis sa fondation ou presque jusqu'en 1972)[53] et du *Répertoire des catalogues et inventaires de manuscrit arabes* de Georges

---

51. Voir sa présentation par Jean-Jacques Bastardie, Anne-Marie Boussion et Gabriel Picard, « Centre de documentation du Centre national de la recherche scientifique », *Bulletin des bibliothèques de France* 7, 1961, p. 311-318. Le registre d'inventaire du matériel de l'IRHT (arch. IRHT) donne le détail des pièces d'équipement photographique remises au Centre de documentation en 1960.

52. « L'Institut de recherche et d'histoire des textes », *Bulletin d'informations de l'Association des bibliothèques de France* 43, 1964, p. 9-11, ici p. 9.

53. La section grecque fut fondée par Robert Devreesse (1894-1978) le 1ᵉʳ novembre 1940 – Marcel Richard fut recruté en décembre –, mais celui-ci passa quelques mois plus tard à la Bibliothèque nationale avec l'ensemble de sa documentation : Maurice Geerard, « Avant-propos », *in* Marcel Richard, *Opera minora*, I, Turnhout, Brepols-Leuven University Press, 1976, p. 5-7. La 3ᵉ édition du *Répertoire des bibliothèques et des catalogues de manuscrits grecs*, par les soins de Jean-Marie Olivier, a paru en 1995, un *Supplément* en deux vol. par le même auteur paraît en 2018 (Brepols, *Corpus Christianorum* : XCII-1468 p.).

Vajda (1908-1981)[54], l'IRHT publiait non seulement des répertoires, mais aussi des monographies appelées à faire date, comme l'étude d'Élisabeth Pellegrin sur la bibliothèque des Visconti et des Sforza (1955) ; il avait son *Bulletin d'information* depuis 1952 et venait d'inaugurer sa collection des *Sources d'histoire médiévale*, créée pour faire pendant à celle des *Documents, études et répertoires*[55]. On pouvait donc à juste titre considérer qu'il devenait « un centre important de publications ». D'un autre côté, il y a une forme d'aveu, comme pour admettre qu'il était temps pour le laboratoire de s'emparer de son propre travail, quand bien même d'autres auraient voulu le brider. En 1968, si le même Glénisson admettait que, durant ses trente premières années d'existence, le laboratoire avait été « d'abord voué légitimement à une besogne d'ordre essentiellement documentaire », il considérait qu'il était parvenu « à un palier nouveau de son développement », comme « carrefour de recherches » sollicité de toute part[56].

L'alerte du début des années 1960 avait été chaude. On la mesure peut-être mieux, quand on se souvient du débat sur la nature de l'activité de documentation, débat qu'avait tranché le bibliothécaire Julien Cain en 1937 : la documentation n'est pas plus qu'une technique, ceux qui songeraient à créer « une science nouvelle, la science documentaire » ou « documentologie », ne rêvent que d'une chimère[57]. Il vaut la peine, aussi, de relire ce qu'un historien de la société écrivait à propos de la manière dont l'IRHT était perçu dans les années 1950-1970 :

> « La pérennité du laboratoire et la modernité des moyens parfois mis en œuvre ne doivent pas dissimuler [que] son ambition se limite à la construction collective d'un outil de travail, d'une "méta source", fidèle en cela à la mission

54. Rappelons que les notices des manuscrits arabes musulmans et hébreux de la Bibliothèque nationale rédigées par Georges Vajda sont aujourd'hui accessibles en ligne. Pour les manuscrits arabes, dont un double des notices avait été déposé en 1970 (Arabe 7293-7312), un lien est intégré depuis 2017 dans la description de chaque manuscrit sur le catalogue en ligne *BnF Archives et manuscrits*. Les notices des manuscrits hébreux, don du Comité de paléographique hébraïque en 2007, sont conservées sous la cote Hébreu 1847.

55. Le titre *Documents, études et répertoires publiés par l'Institut de recherche et d'histoire des textes* (88 titres jusqu'en 2018) a pris progressivement le pas, à partir de 1962, sur celui des *Publications de l'Institut de recherche et d'histoire des textes*. La série est publiée par les éditions du CNRS, comme les *Sources d'histoire médiévale* (43 titres).

56. Compte rendu scientifique de l'année 1967 présenté au Comité de direction du 2 juillet 1968 (arch. IRHT), p. 22.

57. Sylvie Fayet-Scribe, *op. cit.* (n. 10), p. 222.

antique des lieux collectifs de l'historiographie : congrégation de Saint-Maur, académies, Comité des travaux historiques et scientifiques. »[58]

On peut discuter de la pertinence de l'appréciation. Mais elle a toujours valeur d'avertissement. L'IRHT ne saurait se réfugier dans le confort à la fois modeste et glorieux de l'ascèse des fiches, quand bien même chacune d'elles est une parcelle de recherche, sauf à vouloir devenir une unité de service : de celles vis-à-vis desquelles est souvent exprimée une dette devenue topos envers sa filmothèque et ses instruments de recherche « d'un incomparable profit ». Quitte à forcer sa nature, il lui faut aller au bout de la démarche intellectuelle, qui est de tirer parti des faits et des matériaux préparatoires qu'il établit : ne serait-ce que parce que l'évaluation des travaux scientifiques, en France tout au moins – où l'enseignement universitaire n'a pas repris à son compte les disciplines spécialisées propres à l'École des chartes et à l'École pratique des Hautes Études, pour lesquelles existe un effet de niche qui, longtemps, n'a pas eu cours ailleurs – considère comme un genre mineur ce qui relève de l'inventaire et du catalogue, pour ne rien dire de l'édition critique, éternelle seconde par rapport à ce qui relève des idées générales.

Aujourd'hui, l'IRHT continue d'avancer fermement sur les deux pieds qu'indiquait Glénisson. L'activité de documentation se poursuit dans un contexte renouvelé. La reproduction numérique des manuscrits bat son plein, à raison de 150 à 200 000 vues par an ces derniers temps, immédiatement mise en ligne sur la *Bibliothèque virtuelle des manuscrits médiévaux* ouverte au public en 2013 et dont le nom, trompeur, devra bientôt être modifié, car elle accueille aussi bien des incunables peints, des inventaires de livres du XVIe au XIXe siècle, des archives d'érudits. Le jour n'est pas si loin, où les microfilms les plus précieux, ceux des manuscrits dont on peut penser qu'ils ne seront pas numérisés avant longtemps, ou qui ont disparu, seront

58. Olivier Lévy-Dumoulin, « L'histoire emmurée ou l'histoire hors les murs : les théâtres de Clio : 1920-2000 », in *Les lieux de l'histoire. Clio en ses murs du Moyen Âge au XXIe siècle*, Christian Amalvi dir., Paris, Armand Colin, 2005, p. 345. L'autre phénomène relevé par l'auteur tient au fait que la fonction de chercheur reste « peu prisée », laissée aux chartistes de sexe féminin, là où les postes d'archiviste sont de préférence occupés par les hommes jusqu'au milieu des années 1950 (voir aussi Id., « Archives au féminin, histoire au masculin. Les historiennes professionnelles en France, 1920-1965 », in *L'histoire sans les femmes est-elle possible ?*, Anne-Marie Sohn et Françoise Thélamon dir., Paris, Perrin, 1998, p. 343-356, ici p. 350). La féminisation très marquée du laboratoire n'est plus d'actualité : en 2018, le décompte des personnels en activité affectés à la recherche fait apparaître une quasi-parité.

eux aussi accessibles en ligne, avec le confort de visualisation qu'offre la technologie IIIF (International Image Interoperability Framework) ; à moyen terme, et moyennant subsides, le parc obsolète et hétéroclite des appareils de lecture pourra rejoindre quelque musée des techniques. Les informations des fichiers sur papier sont versées dans les bases de données depuis le début des années 1990 et la mise au point des cd-rom de l'incipitaire latin, qui fut l'une des réalisations voulues dès le premier jour par Jeanne Vielliard. L'IRHT aligne aujourd'hui une quantité remarquable de ressources en ligne, avec une vingtaine de bases de données et de sites qui sont pour la plupart les héritiers directs des bases sur papier que sont les fichiers ; divers glossaires, outils et index ; une plate-forme de publication de corpus en pleine refonte[59]. S'y ajoutent un module de catalogage et des outils pour l'édition critique électronique, domaine dans lequel le laboratoire œuvre déjà pour des textes aussi divers que la glose ordinaire de la Bible, le *Sefer ha-Shorashim* de David Qimḥi et la glose d'Oxford aux textes du corpus naturel d'Aristote[60]. Pour autant, on ne renonce en rien aux méthodes éprouvées de l'édition sur papier, stemmatique quand il y a lieu, pour des textes de langue démotique, copte, française, grecque, hébraïque et latine, qu'ils soient de nature littéraire, documentaire ou liturgique : parmi les entreprises récentes ou en cours, citons les *ostraca* du Désert oriental, Denys d'Halicarnasse, Dioscoride, les papyrus de la bibliothèque de Philodème à Herculanum, Évagre le Pontique, Grégoire de Nysse, Chénouté, les *Chartae latinae antiquiores* (IXe s.) de l'espace français, les chartes hébraïques médiévales, les *Miracles de saint Benoît,* Hugues de Saint-Victor, Humbert de Preuilly, le *Liber de causis*, les *Saluts d'amour*, la *Vie* retrouvée de François d'Assise, Barthélemy l'Anglais, le bréviaire cistercien du XIIIe siècle, la *Lettre à Louis IX sur la condition des juifs de France*, Jean de Meun, le *Rosarius*, Jean de Bâle, Nicolas de Dinkelsbühl, Pierre d'Ailly, Jean de Tournai, etc.

Les connaissances sur les manuscrits, leurs textes, leurs possesseurs sont pour la plupart liées entre elles par le biais de *Medium*, le répertoire des manuscrits reproduits ou recensés par l'IRHT à partir duquel, par le biais de la cote, on peut circuler d'une information à l'autre, qu'elle soit issue ou non du laboratoire. À un niveau supérieur d'intégration et d'interopé-rabilité, les développements mis au point depuis 2012 par l'« équipement

59. *TELMA. Traitement électronique des manuscrits et des archives*, http://www. cn-telma.fr/.
60. Voir les carnets de recherche *Sacra pagina. Gloses et commentaires de la Bible latine au Moyen Âge*, https://big.hypotheses.org/ ; *Liber radicum, Sefer ha-shorashim*, https://shorashim.hypotheses.org/ ; *Gloses philosophiques à l'ère digitale*, https://digigloses. hypotheses.org/.

d'excellence » *Biblissima : observatoire du patrimoine écrit du Moyen Âge et de la Renaissance*, que l'IRHT a puissamment contribué à créer au sein de sa section de codicologie et où il est présent pour vingt des quarante projets dits « fondateurs » et pour treize des dix-huit projets dits « partenariaux » – associant au moins un établissement de conservation et un établissement d'enseignement et/ou de recherche, sur la base d'un appel annuel à manifestation d'intérêt –, permettent d'agréger ces données[61].

Certes, il existe encore bien des gisements d'information dont la mise à disposition implique encore des années de travail, comme les notices descriptives de manuscrits latins qui occupent plus de cinquante mètres linéaires avenue d'Iéna et qui contiennent entre autres le matériau préparatoire à la continuation, en ligne et avec versement dans le *Catalogue collectif de France* dès que cela deviendra possible, du catalogue des manuscrits classiques latins des bibliothèques de France, interrompu à la fin de la lettre E depuis 1989 faute de combattants[62] ; ou bien les immenses fichiers de la section de codicologie (près d'un demi-million d'entrées), progressivement versés, avec force enrichissements, dans la base *Bibale* dédiée aux collections anciennes et à la transmission des manuscrits médiévaux, et qui s'ouvre aujourd'hui aux livres imprimés[63]. Mais les avancées sont rapides et font boule de neige. Elles permettent aussi de montrer au grand jour qu'il n'y a pas que de la besogne, ou que celle-ci est moins ancillaire que ce que tendrait à faire penser l'usage de ce mot aujourd'hui. Le fait que la section romane ait obtenu en 2017 le Grand prix de la Fondation Prince Louis de Polignac pour la base *Jonas : répertoire des textes et manuscrits médiévaux d'oc et d'oïl* est la reconnaissance d'un travail de recherche au sens le plus noble du terme, la première fois aussi qu'une distinction de ce genre vient couronner une entreprise liée aux « humanités numériques ». La récompense est d'autant plus méritée que, rejaillissant sur l'ensemble du laboratoire, elle attire l'attention sur le fait que de telles bases de données, comme l'est *Pinakes* pour les textes et les manuscrits grecs, peuvent être considérées comme exhaustives pour ce qui est, *a minima*, du recensement des manuscrits. Dès lors, elles font non seulement référence, mais deviennent naturellement des lieux d'agrégation de l'information à venir, volontiers fournie par des projets « greffons »

---

61. http://www.biblissima-condorcet.fr/. Voir l'ouvrage de présentation *Biblissima. Innover pour redécouvrir le patrimoine écrit*, Campus Condorcet, 15 mars 2018.

62. Colette Jeudy et Jean-Yves Riou, *Les manuscrits classiques latins des bibliothèques publiques de France*, I : *Agen-Évreux*, Paris, Éditions du CNRS, 1989.

63. http://bibale.irht.cnrs.fr/.

dont l'initiative ne vient pas de l'IRHT mais dont les concepteurs préfèrent rejoindre une structure solide pour faire masse et pour faire sens plutôt que créer une base séparée. Le fait, encore, que l'IRHT ait été considéré comme le lieu d'accueil naturel du projet *Collecta : archive numérique de Roger de Gaignières (1642-1715)*, qui permet de redonner vie et cohérence à ce qui fut une base de données au xviie siècle brassant sources documentaires, livres manuscrits et imprimés, images, inscriptions, sceaux, costumes, monuments, est aussi une belle reconnaissance, qui ouvre des perspectives vers une foule de champs jusque-là peu explorés dans le laboratoire, tout en renforçant une collaboration déjà existante avec l'École du Louvre[64].

Chaque base de données, chaque outil en ligne est une publication, de même que la quinzaine de carnets de recherche dotés d'un ISSN, émanant du laboratoire, de l'une ou l'autre des sections ou de l'un ou l'autre des projets en cours, alimentés au fil des travaux quotidiens. Mais le laboratoire occupe par ailleurs une forte position dans le reste du champ éditorial. Il est ou a été présent en tout ou partie dans douze revues ou périodiques et treize collections, la dernière en date étant la série du *Thesaurus catalogorum electronicus* (Thecae) dont les premiers produits verront bientôt le jour grâce à Biblissima et aux Presses universitaires de Caen. Il maintient des programmes au long cours : le *Répertoire des facteurs d'astrolabes et de leurs œuvres* d'Alain Brieux (1922-1985) et Francis Maddison (1927-2006), sous presse après quarante ans de gestation ; le catalogue des manuscrits classiques latins de la Bibliothèque Vaticane, dont le dernier volume a paru en 2010 mais dont manque encore un index cumulatif ; le *Novum Glossarium latinitatis Medii Aevi* ; l'enquête de Birger Munk Olsen sur l'étude des classiques latins au Moyen Âge ; la *Clavis* des auteurs latins de la Gaule du haut Moyen Âge ; la *Bibliographie annuelle du Moyen Âge tardif* ; le catalogue des manuscrits chrysostomiens, ceux des bibliothèques des abbayes de Clairvaux et de Saint-Bertin à Saint-Omer ; la reproduction et l'étude des manuscrits sinistrés de Chartres ; le catalogue des manuscrits français de la Bibliothèque vaticane, celui des manuscrits en caractères hébreux de la BnF ; l'enquête sur la bibliothèque royale sous Charles V et Charles VI ; le programme *Books within Books* sur les fragments de

---

64. https://www.collecta.fr/ ; voir Anne Ritz-Guilbert, *La collection Gaignières : un inventaire du royaume au xviie siècle*, Paris, CNRS Éditions, 2016. L'École du Louvre accueille depuis 2012 le séminaire des « Ymagiers », créé en 1972 autour des questions d'iconographie médiévale.

manuscrits hébreux[65] et bientôt, j'espère, le catalogue des manuscrits orientaux des bibliothèques de France (hors Bibliothèque nationale de France). Le nombre de ses séminaires de recherche est tel qu'à chaque rentrée universitaire, c'est une prouesse graphique que de les faire tous tenir sur une même affiche.

Pousser plus loin l'énumération, en y ajoutant les multiples actions de formation, à commencer par le stage d'initiation mis en place en 1989, progressivement étoffé et qui, sous les trois formes qui sont les siennes aujourd'hui (latin, roman, hébreu ; arabe ; grec), draine chaque année près d'une centaine d'étudiants, prendrait l'allure d'un rapport d'activité, ce qui n'est pas le lieu. Je ne dis rien non plus des innombrables appels à projet des collectivités locales, des régions, de la nation et de l'Europe qui font le quotidien de la recherche en sciences humaines comme ailleurs et auxquels nous nous devons de répondre tout en évitant la dispersion et en tentant de laisser à chacun le temps nécessaire à l'édification d'une œuvre. Ils introduisent un autre rythme, celui d'une activité inscrite dans une durée de deux à cinq ans, c'est-à-dire un terme court eu égard à l'énergie qu'il faut déployer pour être en position de lauréat, mais qui n'en permet pas moins de belles réalisations, loin du saupoudrage que trop redoutent encore. Ainsi, pour n'en citer que quelques-unes, *i-Stamboul, réseau numérique pour l'histoire des bibliothèques grecques d'Istanbul* ; *Omnia. Outils et méthodes numériques pour l'interrogation et l'analyse des textes médiolatins* ;

---

65. *Répertoire des facteurs d'astrolabes et de leurs œuvres*, Turnhout, Brepols, édition préparée par Bruno Halff avec le concours de Youssef Ragheb et Muriel Roiland, 2018. – *Les manuscrits classiques latins de la Bibliothèque Vaticane*. Catalogue établi par Élisabeth Pellegrin *et al.*, Paris, CNRS, 1975-2010, 3 t. en 5 vol. – Birger Munk Olsen, *L'étude des auteurs classiques latins aux XIe et XIIe* siècles, Paris, CNRS, 1982-2014, 6 vol., un 7e à paraître. – *Clavis scriptorum Latinorum Medii Aevi. Auctores Galliae 735-987*, Turnhout, Brepols, 1994-2015, 4 vol. et 4 fascicules d'index parus, sous la direction de Marie-Hélène Jullien ; la coordination est aujourd'hui confiée à Jérémy Delmulle et Frédéric Duplessis. – *Bibliographie annuelle du Moyen Âge tardif*, par Jean-Pierre Rothschild et collab., Turnhout, Brepols, 27 fascicules parus depuis 1991. – Manuscrits chrysostomiens : *Codices chrysostomici graeci*, Paris, CNRS, 1968-2018, 8 vol. parus. – Clairvaux : continuation, sous la direction de Jean-Pierre Rothschild, du catalogue des manuscrits conservés de l'ancienne bibliothèque, dont le 1er vol. a paru en 1997. – Chartres : https://www.manuscrits-de-chartres.fr/. – Manuscrits français de la BAV : voir « Ou grant livraire », carnet de recherche de la section romane, https://romane.hypotheses.org/. – *Manuscrits en caractères hébreux conservés dans les bibliothèques publiques de France. Catalogues* : Turnhout, Brepols, 2008-2015, 7 vol. parus, sous la direction de Philippe Bobichon et Laurent Héricher (BnF). – La bibliothèque royale sous Charles V et Charles VI : catalogue à paraître, établi par Marie-Hélène Tesnière (BnF), Françoise Féry-Hue, Monique Peyrafort-Huin et Véronique de Becdelièvre (BnF). – Books within Books : http://www.hebrewmanuscript.com/.

Himanis. Reconnaissance par ordinateur des écritures anciennes ; *Gloss-E. Édition électronique des gloses et commentaires de la Bible latine au Moyen Âge* ; *Digigloses. Gloses philosophiques à l'ère digitale* ; *Le Touat à la croisée des routes sahariennes, XIIIe-XVIIIe siècle* ; les projets européens *ILM* (Islamic Law Materialized), *OPVS* (Old Pious Vernacular Successes), Thesis (Theology, Education, School Institution and Scholars), *Debate* (Innovation as Performance in Late-Medieval Universities), etc. Autant d'initiatives dont les promoteurs savent à la fois fournir les résultats dans les calendriers imposés mais aussi régulièrement tout changer pour que rien ne change à leurs travaux de fond. Il y a aussi ce que l'on peut se permettre en dehors de tout délai venu d'en haut en affectant à la mise en œuvre de bonnes idées des « ressources propres » issues par exemple du mécénat : ainsi pour le programme *FAMA* (Fama Auctorum Medii Aevi) sur les œuvres latines à succès, financé par des collectionneurs privés, qui associe l'IRHT à l'École des chartes ; ou pour la base *ILI* (Iter liturgicum Italicum. Répertoire des manuscrits liturgiques italiens établi par Giacomo Baroffio), qui a bénéficié du soutien de la Fondation André Vauchez (Balzan) pour le développement des recherches en histoire religieuse du Moyen Âge.

L'activité de l'IRHT maintient cette dose d'universalisme que lui donnent ses compétences dans plusieurs champs linguistiques. Elle retrouve aujourd'hui sa place dans l'étude matérielle du livre, non seulement par le biais d'une enquête sur les reliures médiévales de Clairvaux[66], mais aussi grâce à une collaboration renouvelée avec le Centre de recherche sur la conservation des collections[67], en particulier dans le domaine de l'imagerie multispectrale et hyperspectrale et dans celui encore largement exploratoire de la préservation du papier brûlé, crucial pour pouvoir un jour manipuler certains manuscrits sinistrés de Chartres ou d'autres bibliothèques. Elle s'élargit aux possibilités ouvertes par l'intelligence artificielle dans le domaine du déchiffrement des écritures grâce notamment à un partenariat exemplaire avec les Archives nationales et, depuis peu, dans celui de la reconnaissance des filigranes – autre partenariat, non moins exemplaire, avec l'École des chartes et bien d'autres, dont, encore une fois, les

---

66. Doctorat en cours d'Élodie Lévêque, Senior Conservator à Trinity College, Dublin. On lui doit la découverte de reliures en peau de phoque, qui a fait quelque bruit. Voir « À Clairvaux, faire parler les reliures ! », *L'Histoire*, n° 440, octobre 2017, p. 34-35.

67. CRCC, héritier, au sein du Centre de recherche sur la Conservation (USR 3224), du Centre de recherche sur la conservation des documents graphiques.

Archives nationales[68]. Elle concerne le Maghreb et l'Afrique subsaharienne aussi bien que la vieille Europe, les ostraca du IIIe siècle av. J.-C. et les manuscrits arméniens ou arabes des XVIIe et XVIIIe siècles aussi bien que ceux du Moyen Âge. L'expertise en matière de numérisation conduit à des missions de reproduction hors des frontières, en Europe, au Proche Orient et en Afrique. Cela est d'autant plus notable que nous vivons un temps de réduction drastique des effectifs. Les cent vingt titulaires des années 1980 que j'évoquais précédemment sont aujourd'hui moins de soixante. Les ingénieurs et techniciens paient le prix fort de cette saignée avec, pour leur catégorie, une perte des deux tiers. L'IRHT n'est plus le laboratoire d'ingénieurs qu'il a été, ce qui signifie que l'« ingénierie documentaire » qui a fait et fait toujours sa force doit être en large part assurée par d'autres, recrutés par voie de contrats à courte durée. Le géant a des pieds d'argile, même s'il garde une position enviable aux yeux de beaucoup : quel pays a pu maintenir une structure de ce genre, sur financement public, pendant tant d'années ?

Cependant, je ne voudrais pas terminer mon propos sur cette note d'inquiétude, même si celle-ci est bien réelle. Les quatre-vingts ans qui motivent en effet la commémoration d'aujourd'hui sont un prétexte, car l'IRHT aurait aussi bien pu attendre son siècle d'existence comme l'Association Guillaume Budé, qui en fut l'une des premières tribunes[69], l'a fait en juin 2018, plutôt que de s'arrêter sur cette date. Si nous avons voulu le faire, c'est parce que le laboratoire est à la veille de son huitième déménagement, total ou partiel. À la rentrée universitaire 2019, il gagnera avec d'autres le campus Condorcet d'Aubervilliers, dédié aux sciences humaines et sociales, où il sera largement logé. Les conséquences concrètes sont : le retour des sections grecque et arabe dans un lieu commun avec des spécialistes d'autres langues – ce que j'appelle volontiers la réunification des *Patrologies* ; la disponibilité immédiate des ouvrages de la bibliothèque générale actuellement conservés à Orléans ainsi que de ceux des sections de diplomatique, de liturgie et de musicologie ; l'arrivée de plusieurs centaines de mètres linéaires d'archives scientifiques, parmi lesquelles un fonds qui justifierait plusieurs thèses, celui du père Jacques Vincent-Marie Pollet (1906-1990), spécialiste de la Réforme allemande, qui s'étend sur soixante mètres linéaires et contient des trésors insoupçonnés.

---

68. Voir les carnets de recherche *Himanis* (Historical MANuscript Indexing for user-controlled Search), https://himanis.hypotheses.org/ et *Filigranes pour tous*, https://filigranes.hypotheses.org/1.
69. *Supra*, note 18.

Ce bouleversement en chiffonne plus d'un, qui auraient préféré rester de ce côté-ci du boulevard périphérique, même si la proximité immédiate du nouvel emplacement avec la station de métro Front populaire ouverte en 2012 sonne comme un retour à la source. Un projet éphémère de gagner l'Île-Seguin, formulé en 2007, avait suscité plus d'adhésion. La perspective de voir se dénouer des liens tissés depuis trente ans avec les spécialistes du monde grec installés au Collège de France n'est, de fait, pas réjouissante, non plus que celle de voir la bibliothèque fondue avec d'autres dans un « Grand établissement documentaire ». Cependant, vus de l'extérieur, spécialement hors de nos frontières, de tels atermoiements sont des soucis de riches. Et puisque la décision n'appartient pas au laboratoire mais à sa tutelle, il faut saisir ce qu'elle offre comme opportunités. La première est d'ordre interne, qui devrait inciter les sections à nouveau réunies à travailler ensemble plus qu'elles ne le font aujourd'hui, sans pour autant renoncer aux travaux qui font l'originalité de chacune en fonction de leur corpus documentaire et/ ou de leur discipline de prédilection. La deuxième tient à l'environnement dans lequel nous nous trouverons. Le bâtiment qui accueillera les bureaux de l'IRHT en abritera d'autres pour l'École des chartes, l'École pratique des Hautes Études, le Laboratoire de médiévistique occidentale de Paris, la « très grande infrastructure de recherche » (TGIR) Huma-Num et, je l'espère, Biblissima, qui aura pris entre-temps une dimension plus internationale : autant de partenaires naturels avec lesquels nous travaillons déjà, et pour certains depuis bien longtemps. Le rassemblement en un même lieu, pourvu qu'il soit bien mené, est une valeur ajoutée pour chacun quelle que soit la part qu'il entend y consacrer – très grande pour l'IRHT, minime pour d'autres – qui doit mener à la constitution d'une force de frappe inédite dans les matières qui nous sont communes. Or je ne suis pas loin de penser qu'il y a urgence. L'IRHT tient certes honorablement sa place dans le champ des humanités numériques, mais se trouve déjà dépassé sur plus d'un point. Certaines de ses spécialités « historiques » sont concurrencées par des laboratoires plus jeunes et qui occupent des niches plus étroites. L'accessibilité des reproductions numériques des manuscrits a pour effet de voir émerger divers centres dédiés aux « Manuscript Studies » friands de nouvelles technologies et qui savent se mettre en avant, ainsi que des portails toujours plus larges qui font courir le risque de devenir anonymes dans la masse. L'IRHT a longtemps occupé seul le terrain, ce n'est plus le cas.

De ces initiatives naît une émulation, qui impose de travailler en réseau. En 1999, la création d'une « École de l'érudition en réseau : sources et méthodes, d'Orient en Occident, Ve-XVIIIe siècle », associant le Centre d'études supérieures de la civilisation médiévale (Poitiers), l'École des

FIG. 1. – « Le manuscrit », in *Ébauche et premiers éléments d'un Musée de la littérature*, Julien Cain dir., préface de Paul Valéry, Paris, Denoël, 1938. Cl. IRHT.

FIG. 2. – Fourgonnette Citroën modèle T23 de l'IRHT acquise en juin 1946 pour les campagnes photographiques, ici dans la cour de l'Hôtel de Rohan. Cl. IRHT.

chartes, l'École pratique des Hautes Études et l'IRHT, en avait déjà jeté les bases. Aujourd'hui, l'exercice se pratique grâce aux prises de participation dans l'ensemble multiforme et en incessante recomposition que composent les « laboratoires d'excellence », l'« équipex », les « initiatives de recherche d'intérêt scientifique », les « domaines d'intérêt majeur » et autres « groupements d'intérêt scientifique »[70] – qui ne sont pas pensés dans leur principe pour durer, au contraire des comités, commissions et instituts qui se sont succédé depuis les années 1920. De ce point de vue, la situation n'est pas mauvaise, car le laboratoire est présent dans de multiples initiatives sur le territoire français, ne serait-ce que par son activité « ordinaire » de numérisation, et à l'étranger, pour lesquelles il est autant sollicité, du fait de ses compétences propres, reconnues de tous, que promoteur. Du fait, aussi, de la position particulière qu'il occupe : l'une de ses forces est en effet d'être une passerelle entre le monde de l'Université, celui de la recherche fondamentale, les archives et les bibliothèques. Or rarement dans l'histoire de l'IRHT les relations n'ont été aussi bonnes avec la Bibliothèque nationale de France et les Archives nationales, les deux institutions qui l'ont accueilli à ses débuts. Nous partageons avec les établissements de conservation, avec les établissements d'enseignement supérieur et avec certaines des unités de recherche appelées à rejoindre en tout ou partie le campus Condorcet un même intérêt pour l'objet écrit. Il ne devrait pas être difficile de fédérer ces énergies dans une maison commune, quel que soit le nom qu'on lui donne : une maison où l'éventail des langues et des textes serait plus large que celui actuellement déployé par l'IRHT – un objectif que n'aurait pas renié Félix Grat –, tout en respectant les particularités institutionnelles de chacun. Pour l'IRHT, cette particularité s'est appelée jusqu'à présent l'autonomie, au sens où l'entendait le même Félix Grat.

François Bougard

---

70. LabEx : HASTEC. Histoire et anthropologie des savoirs et des techniques, rattaché à Paris Sciences et Lettres ; RESMED. Religions et sociétés dans le monde méditerranéen, rattaché à Sorbonne Université. – ÉquipEx : Biblissima. – IRIS (au sein de Paris Sciences et Lettres) : Scripta. Pratiques de l'écrit ; Sciences des données, Données de la science. – DIM (de la région Île-de-France) : Matériaux anciens et patrimoniaux ; Sciences du texte et connaissances nouvelles. – GIS : Moyen-Orient et Mondes musulmans ; Humanités.

ANNEXE

I. Les sections d'étude de l'IRHT,
de la création aux ressources en ligne (1937-2018)

Sont indiqués : la dénomination (en petite capitale, celle qui vaut aujourd'hui pour les sections vivantes), les éléments de chronologie, les articles programmatiques, les bases de données et outils en ligne héritiers des fichiers et autres réalisations sur papier, les principaux projets actuels, les carnets de recherche (à commencer par celui du laboratoire, https://irht. hypotheses.org/).

Section (s) latine(s), juin 1937 ; au pluriel, et séparées, pour distinguer le latin classique et le latin médiéval ; au singulier à partir de 1965 ; devenue Section latine et celtique en 1992, redevenue SECTION LATINE en 2013. – Voir Marie-Thérèse Vernet et Élisabeth Pellegrin, « Sections latines », *Bulletin d'information de l'Institut de recherche et d'histoire des textes* 1, 1952, p. 5-10 ; Marie-Thérèse d'Alverny et Marie-Cécile Garand, « L'Institut de Recherche et d'Histoire des Textes et l'étude des manuscrits des auteurs classiques », in *Classical Influences on European Culture A.D. 500-1500*, Robert R. Bolgar éd., Cambridge, Cambridge University Press, 1971, p. 42. – En ligne : *IN PRINCIPIO. Incipitaire des textes latins* (Turnhout, Brepols ; alimenté par l'IRHT, la Hill Monastic Manuscript Library [Collegeville, MN], le Cusanus Institut [Trèves] et la Bibliothèque nationale de France) ; *FAMA. Fama Auctorum Medii Aevi. Œuvres latines médiévales à succès* (avec l'École nationale des chartes), http://fama.irht.cnrs.fr/ ; GLOSSAIRE DU LATIN PHILOSOPHIQUE, http://ideal. irht.cnrs.fr/collections/show/2 ; *Glossae Scripturae Sacrae Electronicae (GLOSS-E). Édition électronique des gloses et commentaires de la Bible latine au Moyen Âge*, http://gloss-e.irht.cnrs.fr/. – Projets : Catalogue des manuscrits conservés de la bibliothèque de Clairvaux ; *THESIS. Theology, Education, School Institution and Scholars-network: dialogues between the University of Paris and the new Universities from Central Europe during the Late Middle Ages* (2012-2018), http://www.thesis-project.ro/ ; *DEBATE. Innovation as Performance in Late-Medieval Universities* (2018-2022). – Carnet : « Sacra pagina », https://big.hypotheses.org/. – Voir ci-après Section des manuscrits enluminés pour le programme sur les manuscrits sinistrés de Chartres ; Section de liturgie pour les bases *COMPARATIO* et *ITER LITURGICUM ITALICUM* ; Pôle des sciences du quadrivium, pour l'activité issue de l'atelier Vincent de Beauvais et l'édition électronique des gloses philosophiques.

Section grecque, 1ᵉʳ octobre 1940, devenue Section des langues grecque, slave
et de l'Orient chrétien en 1992, puis SECTION GRECQUE ET DE L'ORIENT
CHRÉTIEN en 2013. – Voir Marcel Richard, « Section grecque », *Bulletin
d'information de l'Institut de recherche et d'histoire des textes* 1, 1952,
p. 22-26. – En ligne : PINAKES. *Textes et manuscrits grecs*, http://pinakes.
irht.cnrs.fr/ ; *RIMG. Répertoire des inventaires de manuscrits grecs*, http://
www.libraria.fr/fr/rimg/repertoire-rimg-accueil ; E-KTOBE. *Manuscrits
syriaques*, http://www.mss-syriaques.org/. – Carnet : « Manuscrits en
Méditerranée », https://manuscrits.hypotheses.org/. – Projet récent :
I-STAMBOUL. *Bibliothèques grecques dans l'Empire ottoman* (2013-2016),
http://i-stamboul.irht.cnrs.fr/. – Module de catalogage en ligne, http://
www.msscatalog.org/.

Section arabe, 28 juin 1939, active à partir du 1ᵉʳ novembre 1940. – Voir Jeanne
Vielliard, « L'Institut de Recherche et d'Histoire des Textes et sa Section
Arabe », *Revue des Études islamiques*, 1941-1946 [1947], p. 145-150,
incluant un rapport d'activité par Georges Vajda. – Devenue Section
orientale en 1946, incluant les études hébraïques. – Voir Georges Vajda,
« Section orientale », *Bulletin d'information de l'Institut de recherche et
d'histoire des textes*, 1, 1952, p. 26-30. – La section orientale fut par la
suite divisée en trois sous-sections, futures sections à part entière :

– Sous-section massorétique et biblique, 1962, devenue Section biblique et
massorétique en 1965 : à Strasbourg, Nancy puis Lyon, confiée à Gérard
Emmanuel Weil et disparue avec lui en 1986 ; cette section n'a jamais
eu de personnel permanent. – Voir Gérard E. Weil, « Le développement
de l'œuvre massorétique. Nouvelles recherches en matière de critique
textuelle de l'Ancien Testament », *Bulletin d'information de l'Institut
de recherche et d'histoire des textes* 11, 1962, p. 43-67, ici p. 55 et
suivantes ; liste des publications ci-après, annexe.

– Sous-section arabe, 1970, devenue SECTION ARABE en 1980. – Voir
Georges Vajda, « Une entreprise franco-italienne de prosopographie
musulmane : l'*Onomasticon arabicum* », *Comptes rendus des
Séances de l'Académie des Inscriptions et Belles-Lettres* 1967,
fasc. II (avril-juin), p. 223-227. – En ligne : ONOMASTICON ARABICUM :
prosopographie de l'islam *médiéval*, http://onomasticon.irht.cnrs.fr/ ;
CALD. Corpus of Arabic Legal Documents, http://cald.irht.cnrs.fr/.
– Projets : *ILM. Islamic Law Materialized* (2009-2013), http://www.
ilm-project.net/ ; TOUAT. *Le Touat à la croisée des routes sahariennes,
XIIIᵉ-XVIIIᵉ* siècle (2014-2018), http://touat.fr/. – Carnet : « Le monde
des djinns. Magie et sciences occultes dans l'Islam médiéval », https://
djinns.hypotheses.org/.

– Sous-section hébraïque, 1970, devenue Section hébraïque en 1977 ; unifiée en 1994 avec la section de paléographie hébraïque pour devenir « Section hébraïque : paléographie et histoire des textes » et enfin (2011) SECTION HÉBRAÏQUE. – Projets : BOOKS WITHIN BOOKS. *Hebrew Fragments in European Libraries*, http://www.hebrewmanuscript. com/ ; RACINES. Édition électronique du *Sefer ha-shorashim de David Qimḥi*, https://shorashim.hypotheses.org/.

Service héraldique, 1940, devenu sous-section puis, en 1965, section à part entière, fusionné avec la section de codicologie en 1993. – Voir Marguerite Pecqueur, « Service héraldique », *Bulletin d'information de l'Institut de recherche et d'histoire des textes* 1, 1952, p. 36-39. – Le fichier héraldique est intégralement versé dans la base *Bibale* de la section de codicologie.

Section française, 1er janvier 1941, devenue d'ancien français en 1955, puis SECTION ROMANE en 1964 en même temps qu'était créée une « (sous)-section hispanique ». – Voir Édith Brayer, « Section d'ancien français et d'ancien provençal », *Bulletin d'information de l'Institut de recherche et d'histoire des textes* 1, 1952, p. 10-22. La sous-section hispanique fut incarnée par Jacqueline Steunou (à l'IRHT jusqu'en 1992), à qui est due la *Bibliografía de los cancioneros castellanos del siglo* XV…, Paris, CNRS, 1975-1978 (Documents, études et répertoires, 22), 2 vol. – En ligne : JONAS. *Répertoire des textes et des manuscrits d'oc et d'oïl*, http://jonas.irht.cnrs.fr/. Projet : Catalogue des manuscrits français de la Bibliothèque Vaticane (2011-2021). – Carnet : « Ou grant livraire », https://romane.hypotheses.org/.

Section historique et diplomatique, mai 1942, vite devenue Section de diplomatique, parfois dite Section des cartulaires (1945), nommée en 1978 Section des sources documentaires, redevenue SECTION DE DIPLOMATIQUE en 2002. – Voir Louis Carolus-Barré, « Création d'une section diplomatique à l'Institut de recherche et d'histoire des textes », *Bibliothèque de l'École des chartes* 105, 1944, p. 233-234 ; Jacqueline Le Braz, « Section de diplomatique. État des travaux », *Bulletin d'information de l'Institut de recherche et d'histoire des textes* 2, 1953, p. 75-87 ; Ead., « La section de diplomatique de l'Institut des textes et la refonte de la *Bibliographie générale des cartulaires français* », *ibid.*, 15, 1967-1968, p. 267-273 ; Jeanne Vielliard, « L'Institut de Recherche et d'Histoire des Textes de Paris », *Anuario de estudios medievales* 2, 1965, p. 597-603, ici p. 600 et suiv. ; Isabelle Vérité, « Les entreprises françaises de recensement des cartulaires (XVIIIe-XXe siècles) », in *Les cartulaires. Actes de la Table ronde*…, Olivier Guyotjeannin, Laurent Morelle et Michel Parisse éd., Paris, École des chartes, 1993 (Mémoires et documents de l'École des chartes, 39), ici p. 199-202. – En ligne : CARTULR. *Répertoire des cartulaires médiévaux et modernes*, http://www.cn-telma.fr/cartulR/ ; REGECART. *Regestes de cartulaires*, http://regecart.irht.cnrs.fr/. – Carnets :

« De rebus diplomaticis », https://drd.hypotheses.org/ ; « Administrer par l'écrit. Classer, contrôler, négocier (XIIIe-XVIIIe siècle) », https://admecrit. hypotheses.org/.

Section de documentation sur les manuscrits du Moyen Âge, 1943, devenue Section de codicologie en 1965, puis Section de codicologie et histoire des bibliothèques en 1987, fusionnée avec la section d'héraldique en 1993 sous l'intitulé Section de codicologie, histoire des bibliothèques et héraldique. – Voir Jacques Monfrin, « Les études sur les bibliothèques médiévales à l'Institut de recherche et d'histoire des textes », *Bibliothèque de l'École des chartes* 106, 1946, p. 320-322 ; Jeanne Vielliard, « L'Institut de Recherche et d'Histoire des Textes et l'Histoire des Bibliothèques », in *Mélanges Joseph de Ghellinck, s. j.*, II, Gembloux, J. Duculot, 1951, p. 1053-1058 ; Ead., « L'Institut de recherche et d'histoire des textes et la codicologie », *Archives, bibliothèques et musées de Belgique* 30, 2, 1959, p. 212-216 ; Élisabeth Hallaire, « Section de documentation sur les manuscrits du Moyen Âge », *Bulletin d'information de l'Institut de recherche et d'histoire des textes* 1, 1952, p. 30-36 ; Anne-Marie Genevois et Jean-François Genest, « Pour un traitement automatique des inventaires anciens de manuscrits », *Revue d'histoire des textes* 3, 1973, p. 313-314 ; Eid. et André Vernet, « Pour un traitement automatique... II », *Revue d'histoire des textes* 4, 1974, p. 436-437 ; Monique Peyrafort et Anne-Marie Turcan-Verkerk, « Les inventaires anciens de bibliothèques françaises : bilan des travaux et perspectives », in *L'historien face au manuscrit. Du parchemin à la bibliothèque numérique*, Fabienne Henryot dir., Louvain-la-Neuve, Presses universitaires de Louvain, 2011, p. 149-166. – En ligne : Bibale. *Collections anciennes et transmission des manuscrits médiévaux*, http://bibale.irht.cnrs.fr/ ; Libraria. *Pour l'histoire des bibliothèques anciennes*, http://www.libraria.fr/ ; Bibliothèques médiévales de France (*BMF*). *Répertoire des catalogues, inventaires, listes diverses de manuscrits médiévaux (VIIIe-XVIIIe siècle)*, http://www. libraria.fr/fr/bmf/ ; Pierre Lorfèvre. *Des armoiries et des livres*, http:// lorfevre.irht.cnrs.fr/. – Carnets et projets : https://libraria.hypotheses. org/ ; Libri Sagienses. *Recherches sur l'ancienne bibliothèque de l'abbaye de Saint-Martin de Sées (XIe-XVIIIe siècle)*, https://libsag.hypotheses.org/ ; MMM. *Mapping Manuscript Migrations*, http://mappingmanuscriptmi-grations.org/. – Projet lié : Collecta. *Archive numérique de la collection Gaignières (1642-1715)*, https://www.collecta.fr/ ; carnet : https://collecta. hypotheses.org/.

Section canonique, ou de droit canonique, 1953, créée pour venir en soutien à la Commission pour l'étude des statuts synodaux fondée en 1951 au sein de la Société d'histoire ecclésiastique : voir André Artonne, « Les statuts synodaux diocésains français », *Comptes rendus des Séances de l'Académie des Inscriptions et Belles-Lettres* 1955, fasc. I (janvier-mars),

p. 55-63, ici p. 60. – Considérée comme un appendice de la Section latine, son existence n'a jamais été mise en relief dans l'organigramme. Ses travaux ont été assurés par Odette Pontal (1918-2014), active à l'IRHT de 1958 à 1983 et rattachée à la direction. Ils ont débouché sur le *Répertoire des statuts synodaux des diocèses de l'ancienne France du XIIIᵉ à la fin du XVIIIᵉ siècle*, par André Artonne (†), Louis Guizard (†) et Odette Pontal, Paris, CNRS, 1963, 2ᵉ éd. 1969 (Documents, études et répertoires, 8), puis aux trois volumes d'Odette Pontal, *Les statuts synodaux français du XIIIᵉ siècle*, Paris, Bibliothèque nationale, 1971 et Comité des travaux historiques et scientifiques, 1983 et 1988 (Collection de documents inédits sur l'histoire de France, série in-8°, 9, 15 et 19). – L'idée de créer une section plus généralement chargée des manuscrits juridiques a été écartée lors d'une réunion du comité de direction le 4 mai 1965 (L. Holtz, art. cité [n. 4], p. 17).

Section des humanistes, 1ᵉʳ mai 1954, anciennement « sous-section » (première mention en 1951) en charge du fichier des humanistes, devenue SECTION DE L'HUMANISME en 1967. – Voir Édith Bayle, « La "Section de l'Humanisme" à l'Institut de recherche et d'histoire des textes », *Bulletin d'information de l'Institut de recherche et d'histoire des textes* 15, 1967-1968, p. 151-156 [avec la date de 1954]. – En ligne : *BUDE. Base unique de documentation encyclopédique*, http://bude.irht.cnrs.fr/ ; *TRADLAT. Traductions latines d'œuvres vernaculaires*, http://tradlat.irht.cnrs.fr/. – Programmes jusque 2017 : *Europa Humanistica* (voir ci-après les publications) ; *BVH. Bibliothèques Virtuelles Humanistes*, piloté par le Centre d'Études supérieures de la Renaissance (Tours), http://www.bvh.univ-tours.fr/.

Section de paléographie, 1966, créée pour donner une meilleure reconnaissance au secrétariat du Comité international de paléographie que l'IRHT assurait depuis la fondation de ce dernier en 1953 ; devenue SECTION DE PALÉOGRAPHIE LATINE en 1985. – En ligne : *CMD-F. Index du Catalogue des manuscrits en écriture latine portant des indications de date, de lieu ou de copiste*, http://cmdf.irht.cnrs.fr/ ; *CLAMM. Classification of Latin Medieval Manuscripts*, http://clamm.irht.cnrs.fr/. – Autres ressources : http://www.palaeographia.org/ (*Calendoscope, Graphoskop, Millesimo, De re rigatoria*). – Projets : Saint-Omer (manuscrits datés) ; *SAINT-BERTIN, centre culturel du VIIᵉ au XVIIIᵉ siècle : constitution, conservation, diffusion, utilisation du savoir*, http://saint-bertin.irht.cnrs.fr/ ; *ECMEN. Écritures médiévales et outils numériques* ; *HIMANIS. Historical Manuscripts for user-controlled Search* ; *HOME. History of Medieval Europe* ; *HORAE. Hours - Recognition, Analysis, Editions* ; *HORAE PICTAVENSES. Origines et provenances des manuscrits poitevins étudiés dans le texte et l'image*. – Carnets : « Oriflamms. Écriture médiévale & numérique », https://oriflamms.hypotheses.org/ ; « HIMANIS », https://himanis.hypotheses.org/.

Section de paléographie hébraïque, 1970, unifiée avec la section hébraïque en 1994.

Section d'informatique, 1971, issue du Groupe d'études de documentation automatique (GEDA, 1967) ; devenue Service d'informatique en 1991, aujourd'hui intégré au Pôle numérique créé en 2012 et qui regroupe l'activité de développement et interopérabilité, le Service images et celui des publications, les missions relatives aux systèmes, réseaux et sécurité. – En ligne : *Medium. Répertoire des manuscrits reproduits ou recensés par l'IRHT*, http://medium.irht.cnrs.fr/ ; *BVMM. Bibliothèque virtuelle des manuscrits médiévaux*, http://bvmm.irht.cnrs.fr/ ; *IDeAL. Images, Documents et Archives de Laboratoire*, http://ideal.irht.cnrs.fr/ ; *ARCA. Documentation scientifique numérique à l'usage de l'IRHT* (ressource interne).

Centre de recherche sur la conservation des documents graphiques, créé en 1963 au Muséum national d'histoire naturelle, rattaché à l'IRHT de 1971 à 1978 ; devenu en 2007 Centre de recherche sur la conservation des collections. – Voir Françoise Flieder, « Le Centre de recherche sur la conservation des documents graphiques », *Bulletin des bibliothèques de France* 5, 1966, p. 183-188 ; 7, 1972, p. 309-320.

Section des sources iconographiques, 1977, devenue Section d'enluminure et liturgie en 2009, puis Section des manuscrits enluminés en 2011. – En ligne : *Initiale. Catalogue de manuscrits enluminés*, http://initiale.irht. cnrs.fr/. – Programme en cours, avec la section latine : *À la recherche des manuscrits de Chartres. Étude et renaissance virtuelle d'un fonds de manuscrits sinistré*, https://www.manuscrits-de-chartres.fr/. – Voir aussi Section de codicologie pour le projet *Collecta*.

Section des sources de la musique antique et médiévale, 1978, devenue Section de musicologie médiévale en 1996, intégrée au Pôle des sciences du Quadrivium en 2011.

Section des sources d'histoire médiévale, ou des sources narratives, 1978. Prévue dans l'organigramme du Centre Augustin-Thierry, mais n'a pas été constituée en tant que telle (il s'agit de la juxtaposition d'initiatives de publication individuelles), sauf pour le Groupe des sources narratives byzantines, devenu par la suite section à part entière, 1978-2011.

Section slave, 1978, logée à l'Institut national d'études slaves ; intégrée à la section grecque en 1992, disparue de l'organigramme en 2013. – La section slave a produit l'*Histoire des Slaves orientaux des origines à 1689. Bibliographie des sources traduites en langues occidentales*, par André Berelowitch, Matei Cazacu et Pierre Gonneau, sous la direction de Vladimir Vodoff, Paris, CNRS-Institut d'études slaves, 1998 (Documents, études et répertoires – Collection historique de l'Institut d'études slaves, 39).

Section celte, ou celtique, 1982, intégrée à la section latine en 1992, disparue de l'organigramme en 2013 ; cette section n'a jamais eu de personnel permanent.

Section de liturgie, 1992-1999 ; intégrée en 2009 dans la Section des sources iconographiques, qui devient alors Section d'enluminure et liturgie, puis dans le Pôle des sciences du quadrivium en 2011, sans personnel permanent depuis 2014. – En ligne : *Catalogue de manuscrits liturgiques médiévaux et modernes*, http://www.cn-telma.fr/liturgie/index/ (réalisation interrompue). Les bases *Comparatio des chants liturgiques médiévaux*, http://comparatio.irht.cnrs.fr/ et *ILI. Iter Liturgicum Italicum. Répertoire des manuscrits liturgiques italiens*, http://liturgicum.irht.cnrs.fr/, ont été réalisées au sein de la section latine mais relèvent de la liturgie.

Section de lexicographie latine, 1998, issue du rattachement du Comité Du Cange et placée sous l'égide de l'Union académique internationale(UAI). La section a en charge la publication du *Bulletin Du Cange* (voir ci-après) et la réalisation du *Novum Glossarium Mediae Latinitatis (NGML)*, dictionnaire international du latin médiéval de 800 à 1200. – Ressources et projets : *TreeTagger. Lemmatiseur du latin médiéval* ; *VELUM. Visualisation, exploration et liaison de ressources innovantes pour le latin médiéval* (2018-2022) ; *Wiki-Lexicographica. Encyclopédie interactive du latin médiéval* ; http://glossaria.eu/.

Section de papyrologie, 1999, née pour donner un cadre institutionnel à l'Institut de papyrologie de la Sorbonne fondé en 1920 ; http://www.papyrologie. paris-sorbonne.fr/. – Voir aussi *Papyrologica*, http://ideal.irht.cnrs.fr/ collections/show/3.

Pôle des sciences du quadrivium, 2011, dans lequel est aujourd'hui intégrée la section de musicologie. – L'Atelier Vincent de Beauvais, créé à Nancy en 1972 et dédié à l'encyclopédisme et à la transmission des connaissances, a rejoint l'IRHT en 2014 et partage son activité entre la section latine et le pôle des sciences du quadrivium ; en ligne : *SOURCENCYME. Sources des encyclopédies médiévales*, http://sourcencyme.irht.cnrs.fr/. – Carnets : « Atelier Vincent de Beauvais. Encyclopédisme et transmission des connaissances », https://ateliervdb.hypotheses.org/ ; « Gloses philosophiques à l'ère digitale », https://digigloses.hypotheses.org/.

II. Les publications de l'IRHT, ou dans lesquelles l'IRHT est ou a été institutionnellement présent, de 1937 à 2018 (revues, périodiques et collections)

REVUES ET PÉRIODIQUES

Bulletin d'information de l'Institut de recherche et d'histoire des textes, 1952-1968, devenu *Revue d'histoire des textes*, 1971- ; annuel. Paris, CNRS jusque 2005 inclus, puis *Revue d'histoire des textes*, nouvelle série, Turnhout, Brepols. En ligne avec barrière mobile.

Scriptorium. Revue internationale des études relatives aux manuscrits, 1946- ; semestriel, Centre d'études des manuscrits, Bruxelles. L'IRHT en assure la rédaction depuis le t. 20, 1966. En ligne avec barrière mobile.

Bibliographie internationale de l'Humanisme et de la Renaissance, 1966- ; annuel. Genève, Droz puis, à partir de 2013, Turnhout, Brepols. La bibliographie est assurée « par les soins de la Section de l'Humanisme de l'IRHT », de l'Association Humanisme et Renaissance (Genève) et de la Renaissance Society of America (New York) de 1966 à 1992 (t. 28), par l'IRHT et l'Association Humanisme et Renaissance de 1993 à 1995 (t. 31).

Les Nouvelles du livre ancien, 1974- ; trimestriel jusqu'à la fin des années 1990 (dernier fascicule paru 2013) ; publié par l'Association des amis du livre ancien.

Le médiéviste et l'ordinateur. Histoire médiévale, informatique et nouvelles technologies, 1979-2007, semestriel. En ligne.

Gazette du livre médiéval, 1982- ; semestriel jusqu'en 2013, annuel depuis (dernier fascicule paru 62, 2016 [2018]), publié par l'association homonyme ; Denis Muzerelle est le responsable de la publication. En ligne.

Romania, 1872- ; semestriel. Société des Amis de la Romania, diffusion Droz. Christine Ruby en a assuré le secrétariat de rédaction de 1982 à 2014.

Bibliographie annuelle du Moyen Âge tardif, 1991- ; annuel. Turnhout, Brepols. Jean-Pierre Rothschild, qui l'a fondée, en assure la rédaction, avec la collaboration aujourd'hui de Patrice Sicard.

Revue Mabillon. Revue internationale d'histoire et de littérature religieuses, nouvelle série, 1990- ; annuel. Société Mabillon, diffusion Brepols. En ligne avec barrière mobile.

ALMA. Archivum Latinitatis Medii Aevi, Bulletin Du Cange, 1924- ; annuel. Union académique internationale, diffusion Droz depuis 2000. La revue est publiée au sein de la section de lexicographie depuis la création de celle-ci en 1998 ; Anne-Marie Turcan-Verkerk en est la responsable scientifique depuis 2012, succédant à François Dolbeau. En ligne avec barrière mobile.

Revue des études juives, 1880- ; semestriel. Société des études juives, diffusion Peeters. Jean-Pierre Rothschild en assure la codirection depuis 2001. Années 1880-1948 en ligne, http://www.sefarim.fr/hamore/ (*REJ* sur le menu déroulant) ; sur abonnement (Peeters) à partir de l'année 1985.

Journal of Coptic Studies, 1990- ; annuel. Louvain, Peeters. Anne Boud'hors en assure l'édition depuis 2012. En ligne sur abonnement.

Arabica. Revue d'études arabes et islamiques, 1954-. Leyde, Brill. Jean-Charles Coulon en assure le secrétariat de rédaction depuis 2014 et la codirection depuis 2015.

Chronique d'Égypte. Bulletin périodique de la Fondation Égyptologique Reine Élisabeth, 1924- ; annuel. Turnhout, Brepols. Naïm Vantieghem en assure le secrétariat de rédaction depuis 2015. En ligne sur abonnement.

Rursus-Spicae – Transmission, réception et réécriture de textes, de l'Antiquité au Moyen Âge. Revue numérique née en 2017 de la fusion entre *Spicae. Cahiers de l'Atelier Vincent de Beauvais* (1977) et *Rursus. Poiétique, réception et réécriture des textes antiques* (2006), en collaboration entre l'IRHT (Isabelle Draelants) et le CEPAM. Cultures et Environnements Préhistoire, Antiquité, Moyen Âge (UMR 7264 ; Arnaud Zucker), https://journals.openedition.org/rursus/.

COLLECTIONS

Publications de l'Institut de recherche et d'histoire des textes, 1948-1956, devenues *Documents, études et répertoires publiés par l'Institut de recherche et d'histoire des textes* (DER), Paris, CNRS : 97 titres en 117 volumes. Numérotation continue jusque 88 (2018), au prix d'aberrations : le numéro n'est plus indiqué sur la page de titre après le n° 22, paru en 1975 ; il figure à nouveau à partir du n° 56 (*sic*), paru en 1999, ce qui laisse neuf titres de côté ; le n° 71 n'est pas affecté. Une sous-collection *Histoire des bibliothèques médiévales* a été créée en 2000, avec numérotation rétrospective (18 titres parus).

Sources d'histoire médiévale publiées par l'Institut de recherche et d'histoire des textes (SHM), créées en 1960, 1er titre paru en 1965, Paris, CNRS : 43 titres parus en 49 volumes, dont 2 en coédition avec Brepols, Turnhout. Numérotation continue jusque 43 ; le numéro n'est plus indiqué sur la page de titre après le n° 6, paru en 1972 ; il figure à nouveau à partir du n° 30, paru en 2002. Le n° 3 n'a pas été attribué, le n° 33 a été attribué deux fois.

Publications de l'Institut de recherche et d'histoire des textes, Section biblique et massorétique : collection *Massorah*, 5 titres parus de 1968 à 1982, constituant presque autant de sous-collections : *Série II : Études*, Leyde, Brill, 1968, 1 vol. (Manfred Dietrich, *Neue palästinisch punktierte*

FRANÇOIS BOUGARD

Bibelfragmente) [Il n'y a pas eu de Série I chez Brill] ; puis *Série I : Études classiques et textes*, Hildesheim, Gerstenberg, 1973 et 1974, 2 vol. (Charles Perrot, *La lecture de la Bible dans la synagogue* ; Hermann Josef Venetz, *Die Quinta des Psalteriums*) ; *Série II : Études quantitatives et automatisées*, Hildesheim, Gerstenberg, 1973, 1 vol. (Yehuda T. Radday, *The Unity of Isaiah…*) ; *Série III : Rééditions*, Nancy, Gérard E. Weil, 1972, 1 vol. (Mayer Lambert, *Traité de grammaire hébraïque*) ; enfin, sans indication de série, *Mélanges Georges Vajda*, Hildesheim, Gerstenberg, 1982. La liste des publications de G. E. Weil, *in* Id., *La bibliothèque de Gersonide d'après son catalogue autographe*, Louvain-Paris, Peeters, 1994, p. 13, indique par erreur un ouvrage de Moshé Max Ahrend au sein de la collection.

Bibliologia. Elementa ad librorum studia pertinentia, 1983-, Donatella Nebbiai, Turnhout, Brepols, 48 titres parus ; à partir du t. 49 (2018), les volumes portent la mention « Collection publiée sous les auspices de l'IRHT ».

Bibliotheca Victorina, 1992-, dir. Patrick Gautier Dalché, Cédric Giraud, Luc Jocqué et Dominique Poirel, Turnhout, Brepols, 26 titres parus.

Sous la Règle de saint Augustin, 1993-, dir. Dominique Poirel et Patrice Sicard, Turnhout, Brepols, 14 titres parus.

Clavis scriptorum Latinorum Medii Aevi, Auctores Galliae 735-987, 1994-, Turnhout, Brepols (série du *Corpus Christianorum, Continuatio Mediaeualis*), 4 t. parus avec 4 fascicules d'index, sous la direction de Marie-Hélène Jullien ; la coordination est aujourd'hui assurée par Jérémy Delmulle et Frédéric Duplessis.

Studia Artistarum. Études sur la faculté des arts dans les universités médiévales, 1994-, dir. Louis Holtz et Olga Weijers puis (2016-) Luca Bianchi et Dominique Poirel, Turnhout, Brepols, 43 titres parus.

Monumenta palaeographica Medii Aevi, Series Hebraica, 1997-, dir. Colette Sirat puis Judith Olszowy-Schlanger, Turnhout, Brepols, 6 titres parus.

Europa Humanistica, 1999-, dir. Marie-Élisabeth Boutroue, Turnhout, Brepols, 20 titres parus en six séries : *Bohemia and Moravia, Die deutschen Humanisten, Du manuscrit à l'imprimé, La France des humanistes, Humanistes du bassin des Carpates, Répertoires et inventaires* ; à partir du t. 20 (2017), la direction de la collection passe au Centre d'études supérieures de la Renaissance (Tours) et les volumes portent la mention en gardant la mention « Collection publiée par l'IRHT et par le CESR ».

Manuscrits datés des bibliothèques de France (CMD – F²), 2000-, Paris, CNRS, 2 titres parus.

Terrarum Orbis. Histoire des représentations de l'espace : textes, images, 2001-, dir. Patrick Gautier Dalché, Turnhout, Brepols, 14 titres parus.

Hugonis de Sancto Victore Opera, 2001-, dir. Dominique Poirel et Patrice Sicard, Turnhout, Brepols (série du *Corpus Christianorum, Continuatio Mediaeualis*), 8 titres parus.

Manuscrits en caractères hébreux conservés dans les bibliothèques de France. Catalogues, 2008-, CMCH, dir. Philippe Bobichon et Laurent Héricher, Turnhout, Brepols, 7 titres parus.

Cahiers de la Bibliothèque copte, 1983-, dir. Anne Boud'hors et Catherine Louis depuis 2008, Paris, de Boccard (série des Études d'archéologie et d'histoire ancienne), 7 titres parus depuis 2008.

Lire le Moyen Âge, 2010-, Paris, CNRS Éditions (série de *Biblis*), 3 titres parus.

Studia Sententiarum. Travaux et recherches sur les pratiques intellectuelles de la faculté de théologie, 2015-, dir. Monica Brînzei, Claire Angotti et William O. Duba, Turnhout, Brepols, 3 titres parus.

Italia Regia. Fonti e ricerche per la storia medievale, 2016-, dir. François Bougard, Antonella Ghignoli et Wolfgang Huschner, Leipzig, Eudora Verlag, 2 titres parus.

Publications de l'Institut d'études médiévales de l'Institut catholique de Paris, 2013-, dir. Dominique Poirel depuis 2017, Paris, Vrin, 1 titre paru en 2018.

Musicalia Antiquitatis & Medii Aevi, 2018-, dir. Jean-François Goudesenne, Turnhout, Brepols, 1 titre paru.

Thesaurus catalogorum electronicus (THECAE), 2018-, Presses universitaires de Caen ; collection mise en œuvre par l'Équipex Biblissima (édition d'inventaires médiévaux et modernes ; répertoires de sources).

L'IRHT ET LA COMMUNAUTÉ ACADÉMIQUE
D'AMÉRIQUE DU NORD

J'aimerais d'abord remercier Monsieur François Bougard, Directeur de l'Institut de recherche et d'histoire des textes, de m'avoir conviée à cette célébration du quatre-vingtième anniversaire de sa fondation. J'ai rencontré Monsieur Bougard en avril dernier (2017) à Toronto lors de la réunion annuelle de la Medieval Academy of America que j'ai eu l'honneur de présider et c'est alors qu'il a eu la gentillesse de m'inviter pour célébrer avec vous aujourd'hui l'IRHT. C'est donc avec grand plaisir que je vous transmets les plus sincères félicitations de la part des médiévistes des États-Unis et du Canada. Margot Fassler, professeure à l'Université de Notre Dame en Indiana et nouvelle présidente de la Medieval Academy of America m'a chargée de vous adresser ces quelques mots :

> « L'Institut occupe une place centrale dans ma vie de chercheuse et de professeure. Les outils mis en place par l'IRHT sont exceptionnels, en particulier pour l'étude des manuscrits médiévaux. Le "Calendoscope," par exemple, qui permet d'identifier les saints dans les manuscrits liturgiques, est un outil indispensable pour mes travaux de recherche. Mais il ne s'agit ici que d'une des nombreuses innovations mises en place par l'IRHT pour faire progresser l'étude des manuscrits médiévaux. Sans parler évidemment du vaste fonds de microfilms et de manuscrits numérisés qui peuvent être consultés sur place, en ligne ou sur *Gallica,* ou bien commandés pour la recherche ou l'enseignement. Les chercheurs du monde entier célèbrent le travail unique de l'IRHT. »

Madame Fassler s'exprime ici finalement au nom de tous ceux qui ont mené des recherches à l'Institut : ils ont tous pu être guidés pas à pas dans leur travail par les membres de l'Institut et utiliser les ressources numériques disponibles sur le site de l'IRHT. Pour ceux qui, comme moi, vivent loin des fonds européens de manuscrits médiévaux, l'emplacement de l'Institut à Paris est idéal dans la mesure où l'on peut aussi profiter des autres centres de recherche comme la Bibliothèque nationale de France.

Je suis venue pour la première fois à l'IRHT dans les années 80 alors que je commençais mes recherches sur le dossier hagiographique latin d'Anastase le Perse. À l'époque, Bernard Flusin, alors membre de l'IRHT, s'intéressait, quant à lui, au dossier grec. Ce sont mes professeurs, Paul Meyvaert et Herbert Bloch, qui m'ont appris que, au tout début d'un travail de recherche sur un manuscrit, la première chose à faire était de prendre contact avec l'IRHT ou de s'y rendre. Bien avant l'ère numérique mes professeurs considéraient déjà l'IRHT comme la principale source d'information sur les manuscrits peu connus et sur leur contenu. Alors jeune universitaire, je fus accueillie avec beaucoup de gentillesse et d'égards par Messieurs Flusin et Dolbeau. C'est donc avec un plaisir immense que je participe aujourd'hui à cette célébration sous le patronage de Monsieur Dolbeau.

Plus de dix ans après, à la fin des années 90, Louis Holtz, que j'admirais pour son travail magistral sur la tradition de la grammaire latine, était alors directeur de l'IRHT (1986-1997). Lors du congrès d'études médiévales de Kalamazoo, Monsieur Holtz m'a proposé une collaboration entre l'IRHT et la Bibliothèque Hill des manuscrits monastiques microfilmés (*Hill Monastic Manuscript Library*) située à Collegeville dans le Minnesota. Il envisageait de rassembler les collections d'*incipits* de l'IRHT et de la « Hill Library » – des collections à la fois distinctes et complémentaires - afin de créer une base de recherche numérique (disponible sur CD-ROM) avec la collaboration de Brepols Publishers. Le « *incipitarium* » –appelé « *In Principio* » – eut tout de suite beaucoup de succès auprès des latinistes qui travaillaient sur les manuscrits médiévaux car, souvent, les textes étaient amputés de leur titre. « *In Principio* » fut ainsi donc un des premiers projets numériques conçu pour les chercheurs en études latines bénéficiant de la coopération des institutions américaines. Ce projet montre l'importance du rôle de l'Institut et de ses membres– je pense en particulier à Dominique Poirel qui est venu au Minnesota, au beau milieu de la grande prairie américaine – à des milliers de kilomètres de Paris ! « *In Principio* » témoigne encore de la richesse des projets de coopération si caractéristique du dynamisme de l'IRHT depuis sa naissance jusqu'à ce jour et, nous l'espérons tous, dans le futur.

D'un point de vue américain, l'IRHT est une institution véritablement unique qui assure à la fois le rôle d'une bibliothèque de premier ordre et celui d'un centre de recherche prestigieux. Non seulement l'Institut, en tant que bibliothèque, conserve-t-il le savoir mais il en produit aussi. Cette dernière vocation, sans doute la plus importante, est assurée non seulement par la mise en place d'outils qui facilitent le travail de recherche, comme le Calendoscope auquel a fait référence Margot Fassler, mais encore par le biais de recherches fondamentales, du travail d'interprétation mené par ses membres et enfin à ses conférences et à de nombreuses activités d'envergure. C'est précisément cette multiplicité de pratiques de recherche combinées entre elles qui fait toute la singularité de l'IRHT.

Comme le souligne Louis Holtz, la création de l'IRHT à la fin des années 30 fut motivée par deux grandes idées. Au milieu du XIXe siècle la méthode du philologue allemand Karl Lachmann (1793-1853) prédominait largement. On l'appliquait alors à la publication des ressources majeures de l'Antiquité et du Moyen Âge. Mais à la fin du siècle, certains mediévistes, comme Ludwig Traube (1861-1907) et Louis Duchesne (1843-1922) en vinrent à considérer les manuscrits non plus seulement comme des moyens pour établir le *stemma codicum* afin de restituer le texte original, ce qui s'avérait la plupart du temps impossible, étant donnée la tendance des auteurs à réviser et réécrire leur texte. Ces philologues médiévistes prirent plutôt le parti de mettre en lumière la signification historique des différents manuscrits d'un même texte, sans exclure les « *recentiores* », les « *deteriores* » et les « *rescripti* ». Cette nouvelle approche philologique, animée par des considérations disciplinaires, mais aussi nationalistes ou encore religieuses, permit de passer d'une approche considérant le manuscrit uniquement comme base d'un *stemma*, recouvrant le « Ur-Text », à une approche faisant de chaque manuscrit un véritable témoin des différentes lectures et réceptions d'un texte à travers les siècles.

La seconde grande idée fut d'exploiter la photographie moderne qui n'en était plus à ses débuts, puisque dès les années 20 on se servait de microfilms. Il était possible de photographier l'ensemble d'un manuscrit et de le conserver bien plus facilement que dans le passé, et de créer en un même lieu des collections de manuscrits microfilmés venus du monde entier.

Vous êtes sans doute nombreux à connaître l'histoire de ces deux mouvements historiques dont la convergence inspira le jeune Felix Grat ainsi que ses premiers collaborateurs, tout particulièrement Jeanne Vieillard, à la création de l'IRHT. J'aimerais rappeler en particulier les circonstances qui menèrent Felix à Rome en tant que membre de l'École française de Rome pour écrire sa thèse, et comme il fut inspiré par le projet de Dom Henri Quentin de créer une nouvelle édition de la Vulgate. Dom Quentin avait constitué une équipe de moines bénédictins rassemblés plus tard dans la communauté monastique de Saint Jérôme, et qui avaient pour tâche de rassembler tous les manuscrits de la Bible latine sur la base de copies photographiées. La volonté de Grat de rassembler à l'IRHT « tous les manuscrits », et non seulement les plus anciens et les plus précieux s'inscrivait directement dans la lignée de Quentin et Duchesne. Ce dernier qui dirigeait l'École française de Rome mourut l'année précédant l'arrivée de Grat.

On trouvait, au beau milieu du XXe siècle aux États-Unis, des projets de recherche comparables aux projets menés par l'IRHT, et qui utilisaient, eux aussi, la photographie pour l'étude des manuscrits. Néanmoins on n'y trouvait aucune institution d'une envergure comparable à celle de l'IRHT – même si leur mission recoupait partiellement celle de cet institut parisien.

Ces projets américains, aussi remarquables qu'importants, furent conçus à l'origine pour exploiter les progrès technologiques mais aussi et surtout pour des raisons académiques bien précises. Les *Codices Latini Antiquiores*, guide paléographique pour les manuscrits latins antérieurs au IXe siècle, furent initiés par Elias Avery Lowe (chercheur américain, mais formé en Europe et disciple de Ludwig Traube) en juillet 1929. Tandis que Jean Mabillon et ses compagnons mauristes avaient commencé dès la fin du XVIIe siècle à utiliser l'imprimerie et la gravure pour représenter les manuscrits et les chartes médiévaux, Lowe choisit la photographie, un outil alors relativement récent, afin d'établir un compendium des écritures latines illustrées par leurs témoins. Lowe se plaisait à citer la devise de Mabillon « *rectius docent specimina quam verba* », qui est très bien rendue par le proverbe « une image vaut mille mots ». La paléographie se trouvait au cœur du projet de Lowe : chaque entrée était accompagnée d'une photographie du manuscrit, dans un format carré assorti d'une description de son contenu, état de préservation, et du type d'écriture utilisée, ainsi que d'une datation probable et d'une origine géographique. L'œuvre extraordinaire de Lowe, qui l'occupa, ainsi que ses quelques assistants, pendant plus de quarante ans, est aujourd'hui plus ou moins achevée ; elle est désormais disponible en format numérique. Il s'agit certes d'une incroyable réussite mais c'est également un outil précieux pour les chercheurs du monde entier. Toutefois aucune institution n'a été créée autour de ce projet alors que Lowe travailla jusqu'à 1969, l'année de sa mort, à l'Institut des Études Supérieures à Princeton dans le New Jersey.

La Hill Monastic Manuscript Library est un autre projet américain dont l'envergure est comparable à celle de l'IRHT : cette bibliothèque fut fondée officiellement en 1965 à l'abbaye et université de Saint John au Minnesota. La bibliothèque fut, à l'origine, conçue non pour la recherche – comme ce fut le cas pour l'IRHT – mais plutôt pour répondre à un impératif de conservation à la suite des deux guerres mondiales. En raison de sa durabilité, c'est le microfilm qui fut choisi lors des premières campagnes de photographie des manuscrits des bibliothèques monastiques d'Europe. On pouvait ainsi préserver le contenu malgré la disparition possible des originaux. D'autres collections chrétiennes furent ensuite ajoutées au fonds de la bibliothèque Hill : tout d'abord les manuscrits d'Éthiopie et ensuite ceux des chrétiens d'Orient, en particulier ceux qui provenaient des zones menacées par la guerre ou par des catastrophes naturelles.

Plus récemment, certains projets américains sont allés dans le même sens, tout en contribuant de manière importante à l'étude des manuscrits. *Digital Scriptorium*, par exemple, fut mis en place il y a vingt ans à la bibliothèque Bancroft de l'université de Berkeley en Californie en coopération avec la Columbia University. Désormais l'ambition de *Digital Scriptorium* est d'une tout autre envergure puisqu'il s'agit de numériser et de rendre disponible en ligne l'ensemble des manuscrits médiévaux et de la Renaissance conservés en Amérique. Qu'il s'agisse de collections importantes ou restreintes, précieuses ou modestes, toutes sont rassemblées en une seule source, intégrant de l'information sur le contenu des manuscrits, sur leur contexte historique et sur leurs caractéristiques matérielles. Il est bien connu que les critères de classement retenus ont été directement inspirés par ceux de l'IRHT.

Néanmoins, aucun de ces projets américains – et j'aurais pu en citer encore d'autres – n'est comparable, ni par son ambition, ni par sa portée, à celui de l'IRHT, dont le champ comprend une diversité de langues et de régions inégalée. Aucun de ces projets américains n'a non plus donné naissance à un institut de recherche rassemblant une communauté savante aussi vaste et qualifiée que celle de l'IRHT.

Ces divergences s'expliquent sans aucun doute par des facteurs historiques. Mais aussi surtout, selon moi, par les différences de cultures financières et organisationnelles entre la France et les États-Unis. Les États-Unis n'ont pas d'organisme public, tel que le CNRS (Centre national de la Recherche scientifique), pour rassembler et coordonner les différents instituts de recherche dans tous les domaines du savoir. En Amérique, la majorité des instituts de recherche sont gérés et financés de manière privée, avec le soutien de grandes universités privées ou d'État (et non pas au niveau fédéral). Le gouvernement américain investit des fonds importants pour la recherche en sciences et en médecine mais bien moins pour les sciences sociales et humaines. C'est la raison pour laquelle les institutions américaines pour la culture et l'éducation sont largement financées par le secteur privé et par des mécènes. Seuls quelques instituts de recherche, considérés comme particulièrement importants pour la sécurité du pays, sont financés et gérés directement par le gouvernement américain, comme le fameux Institut National de la Santé (National Institute of Health) qui fait partie du ministère de la Santé et des Services sociaux (U.S. Department of Health and Human Services) ou encore les instituts dont les projets concernent l'exploration spatiale ou les questions militaires.

Les institutions américaines que je viens d'évoquer sont toutes financées par des fonds privés. La bibliothèque Hill dépend quant à elle du soutien de l'université et de l'abbaye de Saint John ainsi que du mécénat. Le projet des CLA fut financé par plusieurs fondations privées, dont la Rockefeller, la Carnegie ainsi que l'Institute of Advanced Study où E. A. Lowe fut nommé professeur en 1936 : il bénéficiait alors d'un salaire et d'un budget de recherche. Quant à *Digital Scriptorium*, il fut à l'origine financé par la fondation Andrew W. Mellon, une des plus importantes fondations privées aux États-Unis, qui œuvre en particulier pour le travail des bibliothèques.

Il n'est pas question de savoir si un système est meilleur que l'autre, celui de la recherche financée par l'État en France ou celui qui est financé par des fonds privés aux États-Unis. Chacun de ces systèmes s'inscrit dans un environnement culturel et politique bien particulier. Il est toutefois certain qu'un institut d'une envergure interdisciplinaire et humaniste telle que celle de l'IRHT, collaborant avec des institutions appartenant à d'autres domaines du savoir ne pourrait clairement pas exister aux États-Unis. L'IRHT est donc d'autant plus précieux pour nous qui venons de l'autre côté de l'Océan.

L'IRHT, issu de l'union de la technologie et de la philologie, est, à l'échelle mondiale, le centre de référence pour les études de manuscrits. D'abord grâce à sa collection exceptionnelle de manuscrits médiévaux conservés dans différents formats ; ensuite par la mise en place d'instruments uniques pour l'étude et la gestion de ces manuscrits ; enfin par la qualité exceptionnelle de ses membres et de ses programmes d'enseignement contribuant à son rayonnement dans le monde entier.

Conscients de tous ces atouts, comment devons-nous donc envisager aujourd'hui l'avenir de l'IRHT ?

Nous souhaitons qu'il conserve sa place centrale dans les études des manuscrits alors que les technologies ne cessent d'évoluer. La révolution numérique des dernières années a permis de rendre disponible une base de données qui continue de s'enrichir. Alors que de plus en plus de manuscrits et de documents rares sont accessibles en ligne, il est certain que l'IRHT restera le moteur d'une communauté de chercheurs, et qu'il garantira la création de nouveaux instruments pour l'étude des manuscrits. Citons par exemple l'organisation du colloque international CENSUS l'an passé visant à établir des identificateurs uniques pour les manuscrits. Un représentant des États Unis a d'ailleurs participé à ce projet et nous en sommes très reconnaissants.

En outre, et qui plus est, la mission de recherche de l'IRHT devra faire face à des masses de données de plus en plus importantes qui résultent de la numérisation galopante. Il faudra donc trouver des programmes interprétatifs novateurs et formuler de nouvelles questions philologiques qu'il aurait d'ailleurs été impossible de formuler il y a quatre-vingts ans. L'IRHT et ses membres sont les mieux placés pour mener à bien ces nouveaux projets.

Enfin, et c'est sans doute le plus important, à une époque où la collaboration mondiale est remise en cause partout, et dans de nombreux champs d'étude, l'IRHT ne cessera de nous rappeler le pouvoir des projets de recherche et leur capacité à nous rassembler au-delà des frontières physiques, linguistiques et culturelles.

Carmela Vircillo Franklin

LISTE DES AUTEURS

Bruno Bon	Sous-directeur de l'IRHT (Comité Du Cange)
François Bougard	Directeur de l'IRHT
Jérémy Delmulle	Chargé de recherche au CNRS (IRHT, section de codicologie, histoire des bibliothèques et héraldique)
Christian Müller	Directeur de recherche au CNRS (IRHT, section arabe)
Dominique Poirel	Directeur de recherche au CNRS (IRHT, section latine)
François-Joseph Ruggiu	Directeur de l'Institut des sciences humaines et sociales du CNRS
Marie-Laure Savoye	Ingénieur de recherche au CNRS (IRHT, section romane)
Carmela Vircillo Franklin	Professeur à Columbia University
Michel Zink	Secrétaire perpétuel de l'Académie des Inscriptions et Belles-Lettres

TABLE DES MATIÈRES

Imprimé en Belgique
Imprimerie PEETERS
Warotstraat 50, B-3020 Herent

Achevé d'imprimer en octobre 2019
Dépôt légal : 4e trimestre 2019

No ISBN : 978-2-87754-386-6